인성 쏙 일력 사용법

날짜

1월 11일

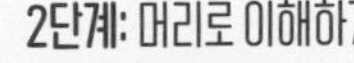

- 오늘의 인성 덕목 이해하기
- '생각쏙'과 2장 1세트

인성 쏙

1단계: 오늘의 인성 덕목
- 인성 덕목에 대한 뜻 학습하기
- 오늘의 인성 단어 : 총 155개 수록

겸 손

2단계: 머리로 이해하기
- 초성 답을 맞히며 인성 단어에 대한 뜻 이해하기
- 초성에 대한 정답은 해당 날의 아래쪽에서 확인

남을 높여 귀하게 대하고 자신을 (ㄴ)(ㅊ)는 태도

3단계: 마음으로 느끼기
- 인성 덕목과 관련된 생활 속 표현 읽어 보며 인성 함양하기
- 삽화와 함께 보며 내용 이해하기
- 인성 덕목과 관련된 명언 읽어 보며 마음으로 느끼기

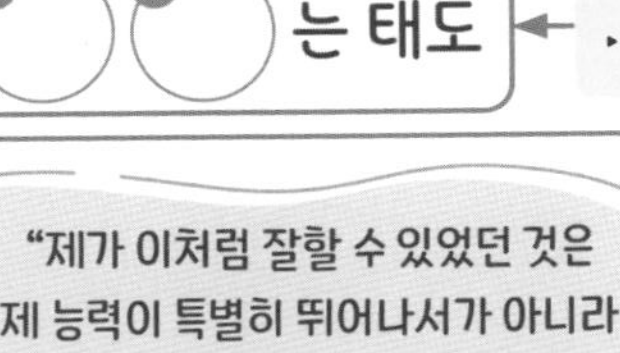
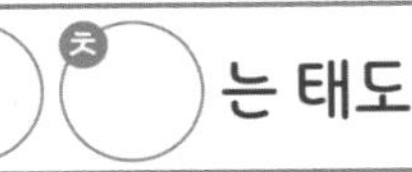
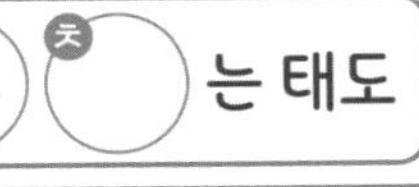

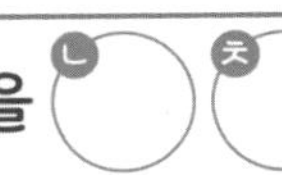

"제가 이처럼 잘할 수 있었던 것은 제 능력이 특별히 뛰어나서가 아니라 부모님의 격려와 희생 덕분입니다."

'겸손은 자기 자신을 비하하고 못났다고 한탄하는 것이 아니라 삶에 대해 감사하고, 사람에 대한 예의를 충실히 지키며, 어떠한 경우에도 남을 무시하지 않은 따뜻함이다.'

- 이해인(수녀) -

생각해 봐요! 내 주변에 있는 겸손한 사람이 누군지 떠올려 보세요.

4단계: 행동으로 실천하기
- 오늘의 인성 덕목에 대해 스스로 생각해 보고 실천할 수 있는 내용 제시

정답 : 낮추

날짜

1월 12일

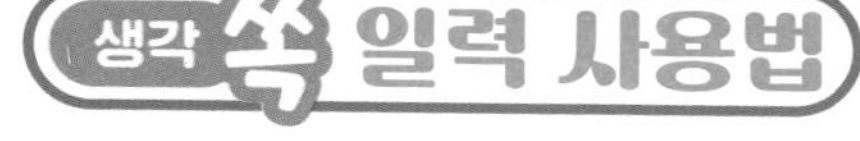

생각 쏙 일력 사용법

▸오늘의 인성 덕목에 대해 생각하고 실천하기

생각 쏙

1단계: 질문하기
- 인성 덕목 관련 질문 이해하기
- 생활 속에서 자신이 직면할 실제 문제에 대해 스스로 생각해 보기

겸손 "내가 잘하는 것에 대해 친구들에게 잘난 체를 한다면?"

'벼는 익을수록 고개를 숙인다.'는 속담처럼 다른 사람보다 뛰어난 재능이 있을수록 겸손한 자세를 지녀야 더 빛

2단계: 성찰하기
- 통찰력 있는 질문에 대한 답을 인성 덕목과 관련해서 깊이 있게 생각해 보기
- 답변을 읽어 보며 자신의 삶의 태도 되돌아보기

해 봐요!

관련 인성은 ?

자신의 재능을 다른 사람들을 돕는 데 사용해요.

예절 ② 자신의 재능을 자랑하기 전에 잘하지 못하는 친구의 마음을 헤아려요.

예절 ③ 자신을 진정 사랑하고 믿는 사람은 다른 사람에게 자랑하지 않아도 행복해요.

예절 ④ 자신을 낮추고 남을 높일 줄 아는 사람의 마음과 행동은 참 멋져요.

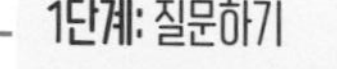

3단계: 실행하기
- 오늘의 인성 덕목 관련 삶 속에서 실천할 수 있는 행동 4가지 파악하고 스스로 행동으로 옮기기
- 행동과 관련된 인성 덕목 초성 퀴즈 답 맞히기
- 초성에 대한 정답은 해당 날의 아래쪽에서 확인

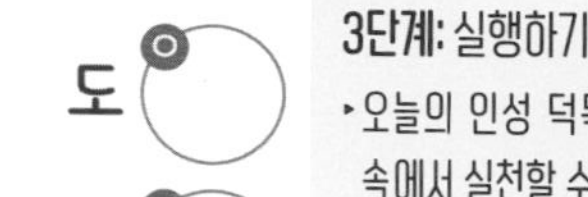

정답 : 도움, 공감, 자존감, 예의

오늘은? 일력 사용법

- 오늘이 어떤 날인지 인성 덕목과 관련해서 생각해 보기
- '오늘 인성'과 2장 1세트

날짜

3월 1일

1단계
- 국경일, 국가 기념일 등 특별한 날
- 특별한 날 : 총 27일 수록

3·1 절

일본의 식민 통치에 반대하며 한국의 ㄷ( ) ㄹ( ) 을 선언한 3·1 운동을 기념하는 날

2단계: 머리로 이해하기
- 초성 답을 맞혀 보며 특별한 날에 대한 의미 이해하기
- 초성에 대한 정답은 해당 날의 아래쪽에서 확인

3단계: 마음으로 느끼기
- 특별한 날과 관련하여 어떤 마음으로 오늘을 보낼지 생각하기
- 삽화와 함께 보며 내용 이해하기

나라를 사랑하는 마음으로 우리나라의 자유와 독립을 위해 용감하게 활동하신 독립운동가의 마음을 헤아려 봅시다. 나라를 위해 헌신하신 분들에게 감사한 마음을 가져 보세요.

생각해 봐요! 3·1절에 할 수 있는 행동에는 무엇이 있을까요?

4단계: 행동으로 실천하기
- 특별한 날에 대해 스스로 생각해 보고 실천할 수 있는 내용 제시

정답 : 독립

신정

일 년이 (ㅅ)( ) (ㅈ)( ) 되는 날로 양력 1월 1일에 지내는 양력설

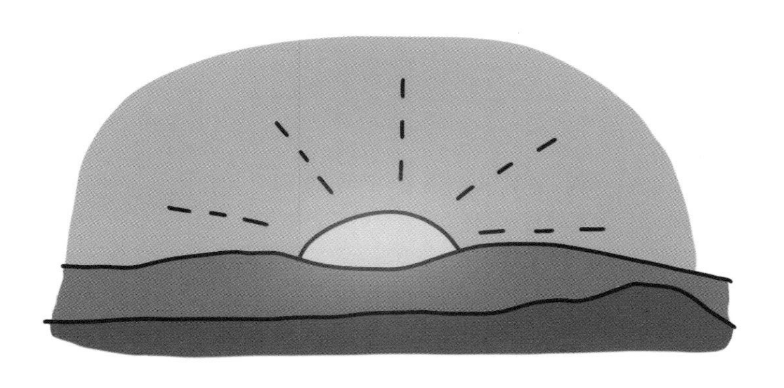

1월 1일은 새해가 시작되는 날입니다.
어떤 마음으로 새로운 한 해를 보내면 좋을지 생각하며
새로운 마음으로 새 출발을 시작해 보세요.

생각해 봐요! 새해를 시작하는 오늘, 어떤 일로 하루를 시작할까요?

정답 : 시작

도전

"새해에 어떤 것에 도전하면 좋을지 고민이 된다면?"

처음 해 보는 어려운 것에 도전하는 것도 좋지만, 평소 해 보려고 했다가 포기했던 독서, 운동, 방 정리 정돈과 같은 것에 도전해 보는 것도 좋아요.

함께해 봐요!

예절 ① "처음은 누구나 어려울 수 있어. 그렇지만 난 해낼 수 있어!"

예절 ② 무엇이든 하려고 마음먹었다면 인내심을 가지고 끝까지 해 봐요.

예절 ③ 새해에도 주변 사람 모두가 건강하고 행복하도록 빌어요.

예절 ④ "나는 항상 잘해 왔어." 올해도 스스로 잘 해낼 수 있다고 생각해요.

관련 인성은?

자 ㅅ ㄱ

끈 ㄱ

희 ㅁ

믿 ㅇ

정답 : 자신감, 끈기, 희망, 믿음

갈등

생각이나 입장이 달라서 ㄱ( ) ㅁ( ) 하거나 다투는 것

"친구와 먼저 놀고 숙제를 할지,
숙제를 먼저 해 놓고 친구와 놀지 너무 고민이 돼."

갈등 없이 살면 좋겠지만, 누구에게나 갈등은 있답니다.
갈등을 해결하다 보면 마음속 지혜가 쑥쑥 자라날 겁니다.

생각해 봐요! 친구와의 갈등이 있을 때는 어떻게 해결해야 할까요?

정답: 고민

갈등 "선생님 모르게 친구들이 어떤 친구를 따돌린다면?"

친구의 어려움을 모른 체하지 마세요. 선생님께 상황을 말씀드리고 다른 친구들과 함께 힘이 돼 주세요.

함께해 봐요!

예절 ① 우리 반 친구 모두를 똑같이 대해 줘요.

예절 ② 우리 반에 어려움을 겪고 있는 친구가 있는지 잘 살펴요.

예절 ③ 왕따를 당해 속상할 친구의 마음을 헤아려요.

예절 ④ 갈등 없고 안전한 우리 반을 만들기 위해 노력해요.

관련 인성은?

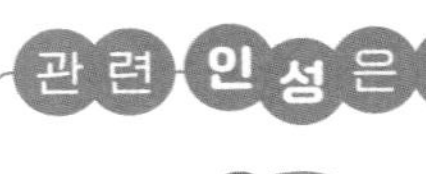

공 ㅍ

관 ㅅ

공 ㄱ

평 ㅎ

정답 : 공평, 관심, 공감, 평화

감동

깊이 느껴 마음이 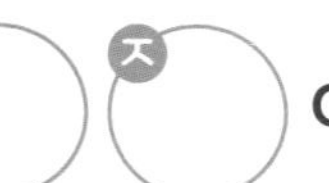 이는 상태

“내가 힘들고 우울한 일이 있을 때 진지하게 내 얘기를 들어 주시고 따뜻한 위로를 건네는 우리 아빠! 정말 감동이에요.”

마음의 감동은 우리가 살아가는 데 따뜻한 온기를 불어넣어 주는 특별한 감정입니다. 감동은 대단한 것으로부터 느끼기도 하지만, 가족 간의 소소한 대화, 아침 해를 보며 찾아오는 평온한 감정, 엘리베이터에서 만난 이웃의 따뜻한 미소 등 작은 순간에서도 느낄 수 있지요. 일상 속의 작은 감동을 느끼며 행복을 누려요.

생각해 봐요! 가장 감동을 받았던 순간은 언제였나요?

정답 : 움직

감동 "책을 재미있게 읽고 있던 중에 나도 모르게 눈물이 나서 마음이 이상했어요."

책 속의 이야기와 나의 경험이 맞닿아서 마음이 움직이면 눈물이 날 때가 있어요. 그럴 때 우리는 감동을 받았다고 말합니다. 내가 그 마음을 이해한다면 나도 감동을 주는 사람이 될 수 있어요.

함께해 봐요!

관련 인성은?

예절 ① 영화 속 주인공의 감정을 똑같이 느낄 때 감동을 받을 수 있어요.

예절 ② 한일전 축구 경기에서의 승리로 인한 감동은 우리나라 국민에게 큰 힘을 주었어요.

예절 ③ 내 생일에 부모님께서 주신 선물과 편지를 받고 그 마음이 느껴져 큰 감동을 받았어요.

예절 ④ 진실로 마음을 다할 때 상대방에게 감동을 줄 수 있어요.

공 (ㄱ)

기 (ㅃ)

사 (ㄹ)

진 (ㅅ)

정답 : 공감, 기쁨, 사랑, 진심

감 사

ㄱ ( ) ㅁ ( ) 게 여기는 마음

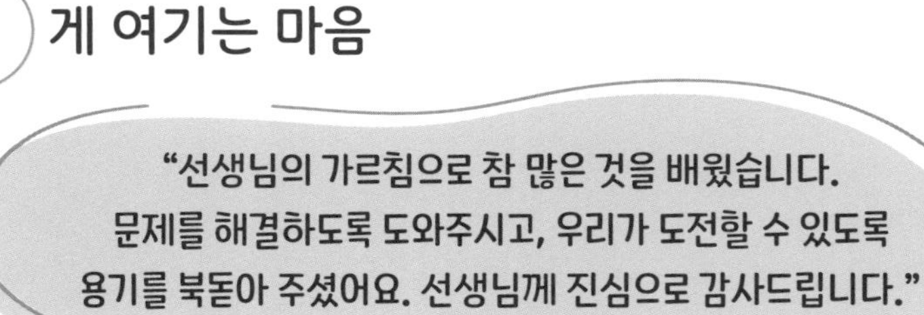

매 순간 감사하는 마음을 가진다면 누구나 행복한 삶을 살 수 있어요.

오늘은 어떤 일에 감사해 볼까요?

'작은 일에 감사할 줄 아는 사람이 큰일에도 감사할 줄 안다.'

- 윌리엄 아서 워드(작가) -

생각해 봐요! 가족에게 감사의 마음을 표현하는 나만의 방법에는 어떤 것이 있나요?

정답 : 고맙

감사 "급식에 좋아하는 반찬만 나오면 좋겠어요."

나와 친구들을 위해 매일 영양가 있는 식단으로 맛있게 조리해 주시는 영양 선생님과 조리사님께 감사하는 마음을 가지고 먹어야 합니다. 다양한 반찬을 골고루 먹다 보면 몸도 마음도 쑥쑥 자라게 될 테니까요.

함께해 봐요!

관련 인성은?

예절 ① 모든 것을 있는 그대로 좋게 받아들이면 감사할 일이 많아져 행복해요.

긍 (ㅈ)

예절 ② 웃어른에게 감사를 표현할 때에는 "감사합니다." 하고 고개 숙여 인사를 해요.

예 (ㅇ)

예절 ③ 감사의 인사를 전할 때는 진실한 마음을 다해 표현해요.

진 (ㅅ)

예절 ④ 나를 낳아 키워 주신 부모님께 늘 감사하는 마음을 가지고 섬겨야 해요.

(ㅎ)

정답 : 긍정, 예의, 진심, 효

걱정

마음이 ㅂ◯ ㅍ◯하고 속을 태우는 것

"숙제를 미리 해 놓지 않으면
선생님께 혼날까 봐 마음이 편치 않아."

걱정은 꼭 나쁜 감정인 것만은 아닙니다.
걱정으로 인해 앞으로 일어날 여러 가지 일들에 대비하고
준비할 수 있으니까요. 지금부터라도 걱정거리에 대한 해결 방법을
생각해 보고 한 걸음씩 실천해 나가면 좀 더 성숙해진 내가 된답니다.

생각해 봐요! 걱정이 있을 때 그 걱정을 덜기 위한 나만의 방법은 무엇인가요?

정답 : 불편

걱정 "스마트폰을 너무 많이 사용한다면?"

사용 시간을 정해 놓는 등 스마트폰 사용 규칙을 만들어 잘 지키면서 똑똑하게 이용할 수 있도록 해요.

함께해 봐요!

관련 인성은?

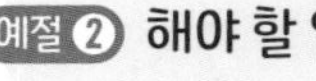

예절 ① 스마트폰을 너무 많이 사용하고 있지는 않은지 자신을 되돌아봐요.

예절 ② 해야 할 일을 먼저 다 할 때까지는 스마트폰을 사용하지 않아요.

예절 ③ 스마트폰을 꼭 필요할 때만 사용할 수 있도록 사용 규칙을 정해요.

예절 ④ 스마트폰 중독이 되지 않도록 평소에 규칙을 잘 지켜 사용해요.

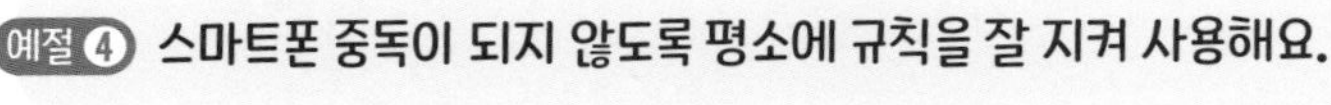

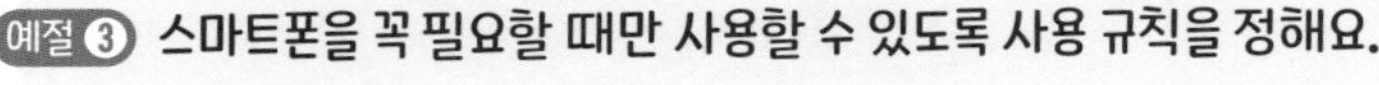

반 (ㅅ)

절 (ㅈ)

자 (ㅇ)

실 (ㅊ)

정답 : 반성, 절제, 자율, 실천

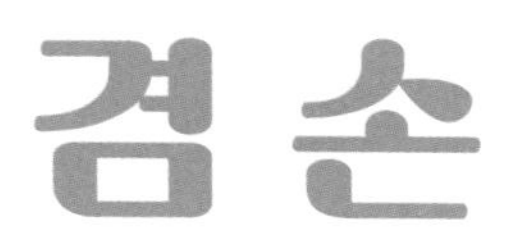

겸손

남을 높여 귀하게 대하고 자신을 ㄴ( ) ㅊ( ) 는 태도

"제가 이처럼 잘할 수 있었던 것은
제 능력이 특별히 뛰어나서가 아니라
부모님의 격려와 희생 덕분입니다."

**'겸손은 자기 자신을 비하하고 못났다고 한탄하는 것이 아니라
삶에 대해 감사하고, 사람에 대한 예의를 충실히 지키며,
어떠한 경우에도 남을 무시하지 않은 따뜻함이다.'**

– 이해인(수녀) –

생각해 봐요! 내 주변에 있는 겸손한 사람이 누군지 떠올려 보세요.

정답 : 낮추

겸손 "내가 잘하는 것에 대해 친구들에게 잘난 체를 한다면?"

'벼는 익을수록 고개를 숙인다.'는 속담처럼 다른 사람보다 뛰어난 재능이 있을수록 겸손한 자세를 지녀야 더 빛날 수 있어요.

함께해 봐요!

예절 ① 자신의 재능을 다른 사람들을 돕는 데 사용해요.

예절 ② 자신의 재능을 자랑하기 전에 잘하지 못하는 친구의 마음을 헤아려요.

예절 ③ 자신을 진정 사랑하고 믿는 사람은 다른 사람에게 자랑하지 않아도 행복해요.

예절 ④ 자신을 낮추고 남을 높일 줄 아는 사람의 마음과 행동은 참 멋져요.

관련 인성은?

도 (ㅇ)

공 (ㄱ)

자 (ㅈ) (ㄱ)

예 (ㅇ)

정답 : 도움, 공감, 자존감, 예의

상대방의 ㅁ( ) 에 귀 기울이고 온 마음을 다해 듣는 태도

"아~ 그렇구나." (끄덕끄덕)
"잘 들어 줘서 고마워."

경청은 단단히 걸어 잠긴 상대방의 마음을 여는 열쇠와 같아요.
경청의 자세는 상대방의 마음을 편안하게 해 주기 때문에
더욱더 깊이 있고 진솔한 대화가 가능하지요.
특히 주변 사람이 나에게 고민을 털어놓을 때 최고의 조언은
경청이랍니다. 가만히 들어 주는 것만으로도 큰 도움이 돼요.

생각해 봐요! 경청을 잘하는 방법에는 무엇이 있을까요?

정답 : 말

경청 "친구의 말을 끊고 내가 하고 싶은 말만 한다면?"

내가 말하고 있는데 친구가 계속 말을 끊는다면 기분이 나쁘지요. 친구도 마찬가지겠죠? 친구의 말이 다 끝날 때까지 친구의 눈을 바라보며 잘 들어 보세요. 친구의 말이 다 끝난 후에 내 차례가 되어 말을 하면 친구도 내 말을 더 잘 들어 줄 거예요.

함께해 봐요!

관련 인성은 ?

예절 ① 상대방의 말에 귀 기울이면 상대방의 마음을 더 잘 알 수 있어요.

예절 ② 말을 끊지 않고 끝까지 상대방의 말을 집중해서 잘 들어요.

예절 ③ 상대방을 바라보며 잘 들으면 상대방의 말의 의도를 정확하게 알 수 있어요.

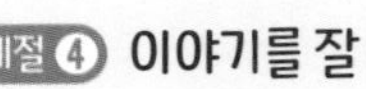

예절 ④ 이야기를 잘 들어 주는 사람에게는 더 진실한 말을 할 수 있어요.

공  ㄱ

존  ㅈ

이 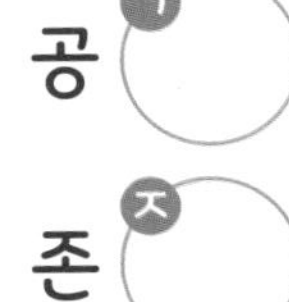 ㅎ

신  ㄹ

정답 : 공감, 존중, 이해, 신뢰

다른 사람의 상황이나 기분을 같이 느끼고 (ㅇ)(ㅎ) 하는 것

"나도 너와 같은 마음을 느꼈어."

공감은 다른 사람의 마음을 이해하는 것입니다.
친구가 슬프거나 기쁠 때 그 마음을 함께 느껴 주면
친구에게 큰 힘이 되지요. 이야기를 잘 들어 주고
감정을 함께 나누면 정말 특별한 친구가 될 수 있습니다.

생각해 봐요! 친구가 슬퍼 보일 때 어떻게 도와줄 수 있을까요?

정답 : 이해

공감 "싫어하는 걸 알면서도 친구에게 계속 장난을 친다면?"

친구의 마음을 헤아려 장난을 멈추어야 해요. 나만 즐거운 건 '장난'이 아니라 '폭력'이 될 수 있어요.

함께해 봐요!

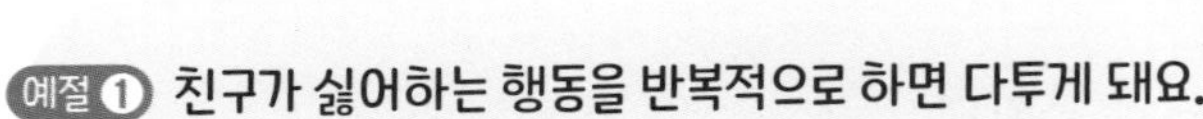
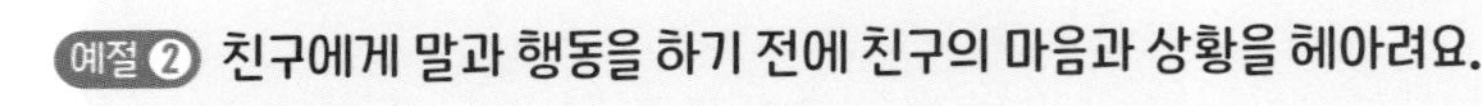

예절 ① 친구가 싫어하는 행동을 반복적으로 하면 다투게 돼요.

예절 ② 친구에게 말과 행동을 하기 전에 친구의 마음과 상황을 헤아려요.

예절 ③ 친구가 싫어하는 행동을 자꾸 하면 친구는 불쾌한 마음이 생겨요.

예절 ④ 친구와 내가 함께 재미있고 즐겁게 논다면 친구와의 사이가 더 돈독해져요.

관련 인성은?

갈 

이 

불 

우 

공정

공평하고 올바르며 (ㅈ)(ㅇ)로운 마음

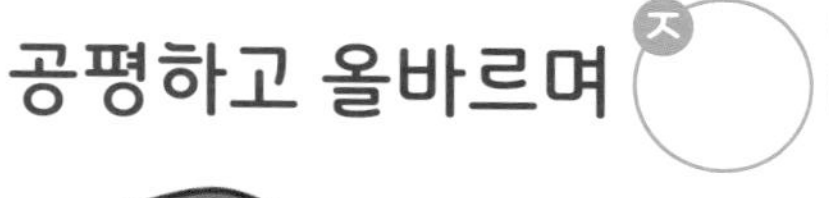
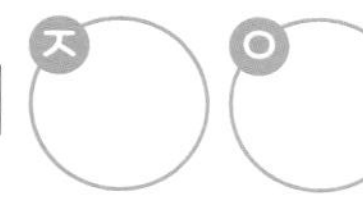
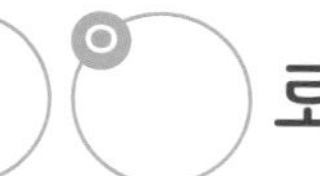

“우리 공정하게 게임을 하자.
이기면 축하해 주고 지더라도 위로해 주자.”
“좋아.”

규칙에 따라 공정하게 대결을 한다면 모두가 즐겁고 만족스러울 수 있어요. 이기고 지는 건 그다음 문제지요.

생각해 봐요! 공정한 놀이를 했을 때 기분이 어땠나요?

정답 : 정의

공정 "피구 게임 중 반칙을 했는데 아무도 나를 보지 못했다면?"

'아무도 나를 보지 못했겠지.'라고 생각하고 게임을 이어 나간다면 공정한 게임이 아니므로 이기더라도 마음이 불편할 거예요. 즐거운 게임을 위해서는 나의 양심을 걸고 규칙을 잘 지키도록 해요.

함께해 봐요!

관련 인성은?

예절 ① 경쟁 중에 상대방을 이기고 싶어서 규칙을 어기면 안 돼요.

양 ㅅ

예절 ② 공정한 경기를 했을 때는 이기고 지는 것과 관계없이 자신이 떳떳해요.

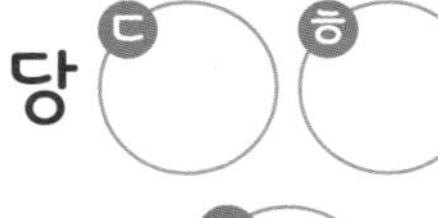
당 ㄷ ㅎ

예절 ③ 공정한 사회는 더 나은 세상을 만들어 갈 수 있어요.

발 ㅈ

예절 ④ 공정한 과정과 결과는 많은 사람에게 믿음을 줄 수 있어요.

신 ㄹ

정답 : 양심, 당당함, 발전, 신뢰

공존

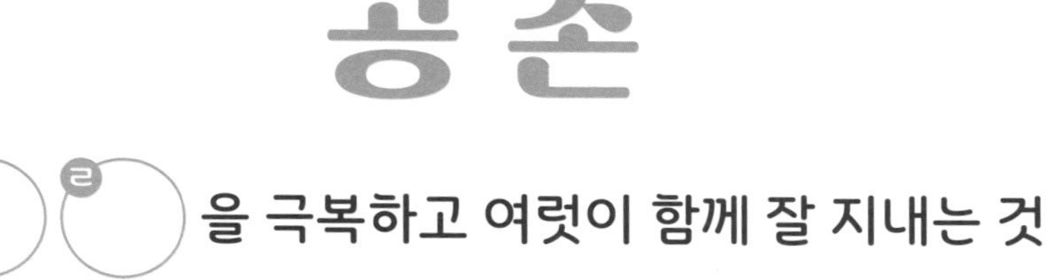

ㄷ ㄹ 을 극복하고 여럿이 함께 잘 지내는 것

※ 다문화 사회: 여러 문화적 배경을 가진 인종, 종교, 국적이 어우러진 사회

**"우리는 다문화 사회에 살고 있어.
편견을 버리고 서로를 이해하며 어울려 살아가면
평화로운 세상을 만들 수 있어."**

사람은 이 세상에 혼자 살아갈 수 없어요.
자연은 물론이고 같이 사는 많은 사람과도 함께 어울려
조화롭게 살아가야 해요. 그러기 위해서는 열린 마음을 가지고
협력하려는 자세가 필요하지요.

생각해 봐요! 새로운 친구가 전학을 왔을 때 어떻게 환영해 줄 수 있을까요?

정답 : 다름

공존 "짝을 바꿀 때 원하는 친구와만 앉으려고 한다면?

모든 사람은 외모, 성격, 잘하는 것 등이 서로 달라요. 다르기 때문에 서로에게 배울 점을 찾을 수 있는 것이지요. 다양한 친구와 함께 골고루 짝을 해 보면 좋은 점이 훨씬 많아요.

함께해 봐요!

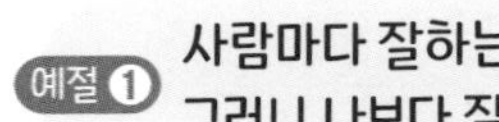

예절 ① 사람마다 잘하는 것이 다르듯이 못하는 것 또한 다르답니다.
그러니 나보다 잘하지 못한다고 친구를 무시하면 안 돼요.

예절 ② 나와 모습이나 경험이 다른 사람들의 마음을 깊이 헤아려요.

예절 ③ 어떤 사람이든 나와 함께 행복하게 어울릴 수 있다는 마음을 가져요.

예절 ④ 모두가 조화를 이룰 때 세상은 아름다워져요.

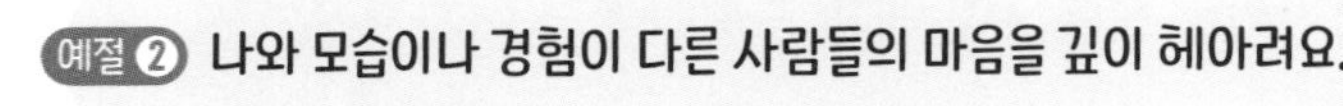

관련 인성은?

존 (ㅈ)
이 (ㅎ)
긍 (ㅈ)
평 (ㅎ)

정답 : 존중, 이해, 긍정, 평화

공평

한쪽으로 기울어지지 않고 (ㄱ)(ㅈ) 함

"공평하게도 모든 사람은
하루에 24시간씩 똑같은 시간이 주어지지."

행운이나 기회는 모든 사람에게 공평하게 주어지지 않아요.
그건 누구에게나 똑같이 주어지는 하루라는
시간을 어떻게 보내느냐에 따라 달라진답니다.

생각해 봐요! '공정'과 '공평'의 차이는 무엇일까요?

정답 : 공정

“엄마, 내가 형이니까 동생보다 더 먹으면 안 돼요?”

나의 노력 없이 좋은 것을 갖게 될 때, 나 혼자가 아니라 주변에 다른 사람과 함께 나누어야 하는 상황이라면 동등하게 나누어 갖는 것이 공평한 거랍니다.

함께해 봐요!

예절 ① 친구와 간식을 나누어 먹을 때는 공평해야 다투지 않아요.

예절 ② 운동 경기에서 명확한 기준을 두어 공평한 기회가 주어질 때 우리는 OO한 경기라고 해요.

예절 ③ 사람이라면 누구나 OO을 받아 마땅하므로 법과 질서는 차별 없이 공평하게 적용돼요.

예절 ④ 선생님께서는 학생들을 늘 공평하게 대하시기 때문에 우리 반은 늘 OO하다고 느끼고 있어요.

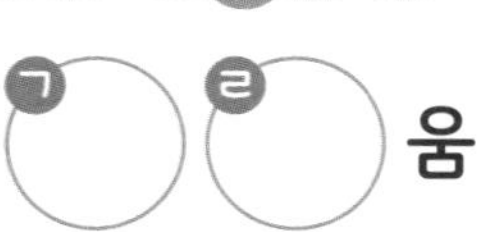

정답 : 슬기로움, 공정, 존중, 평등

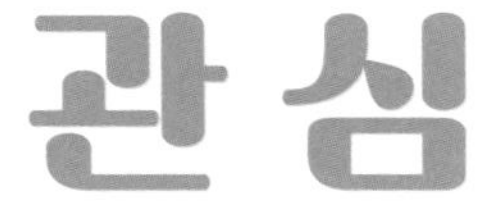

관 심

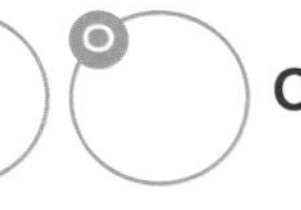

어떤 것에 ㅁ ㅇ 이 끌려 주의를 기울임

"저는 우리나라 역사에 관심이 많아요.
제가 제일 존경하는 위인은 한글을 만드신 세종대왕입니다."

관심을 가지면 기회가 찾아옵니다.

모든 것은 작은 관심에서부터 시작한다고 해도 과언이 아닙니다.

생각해 봐요! 요즘 가장 관심 있는 것은 무엇이며, 그 이유는 무엇인가요?

정답 : 마음

관심 "교실에 혼자 앉아 어두운 표정을 짓고 있는 친구를 발견했다면?"

"네 표정을 보니 뭔가 안 좋은 일이 있는 것 같아. 내가 도와줄까?"라며 친구에게 먼저 다가가 이야기를 들어 주세요. 여러분의 작은 관심이 친구의 문제를 해결하는 데 큰 도움을 줄 수 있답니다.

함께해 봐요!

예절 ① 어려움을 겪는 친구가 있다면 먼저 다가가 ○○을 줘요.

예절 ② 친구의 어려운 문제 상황에 관심을 갖고 이야기를 잘 들어 줘요.

예절 ③ 어떤 것에 관심이 생기면 자꾸 궁금증이 생겨요.

예절 ④ 내가 좋아하는 것에는 무엇이 있는가를 알면 진로를 찾는 데 도움이 돼요.

관련 인성은?

도 (ㅇ)

경 (ㅊ)

호 (ㄱ)(ㅅ)

발 (ㅈ)

정답 : 도움, 경청, 호기심, 발전

관 용

남의 잘못을 (ㄴ)(ㄱ)(ㄹ)게 받아들임

“괜찮아! 그럴 수도 있지.”

세상의 어떤 사람도 완벽하지 않아요.

모든 사람은 외모도 다르고 생각도 다르지요. 그렇기에 서로의 다름을 인정하고 이해하려는 마음이 필요하답니다. 모든 이가 조화롭게 살아가기 위해 너그럽게 받아들이는 태도가 필요해요.

생각해 봐요! 친구의 실수나 잘못을 너그럽게 받아 준 경험이 있는지 생각해 보세요.

정답 : 너그럽

관용 "친구가 실수로 내 옷에 물을 쏟았다면?"

친구가 일부러 그런 것이 아니기에 너그러운 마음으로 "괜찮아. 옷은 말리면 돼."라고 말해 주세요. 오히려 친구가 그 말에 크게 감동을 받아 친구와 전보다 더 좋은 사이가 될 수 있어요.

함께해 봐요!

관련 인성은?

예절 ① 친구가 일부러 한 잘못이 아니라면 "괜찮아." 하고 사과를 받아 줘요. — 용 (ㅅ)

예절 ② 나와 친구가 다르다는 것을 인정하고 있는 그대로를 받아들여요. — 이 (ㅎ)

예절 ③ 친구의 상황에 공감하고 너그럽게 이해하려는 마음을 가져요. — 존 (ㅈ)

예절 ④ '이건 무조건 나빠.', '도저히 이해할 수 없어.'가 아니라 생각을 좀 더 열고 상황을 긍정적으로 바라봐요. — 유 (ㅇ) (ㅅ)

정답 : 용서, 이해, 존중, 유연성

극복

고생을 ㅇ ㄱ 냄

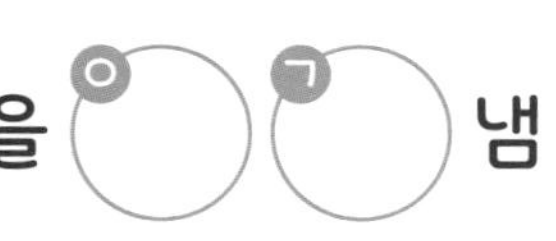

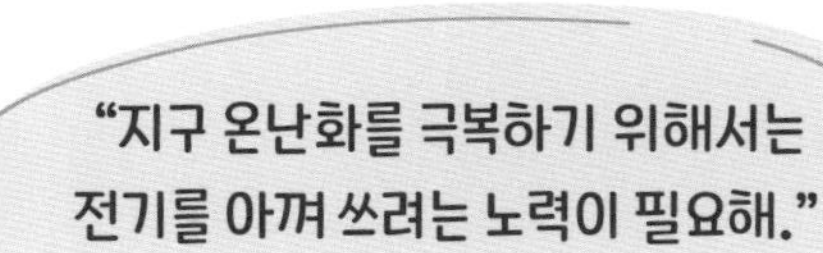

"지구 온난화를 극복하기 위해서는 전기를 아껴 쓰려는 노력이 필요해."

'고생 끝에 낙이 있다.'는 옛말이 있어요.
무엇인가 해내기 위해서는 어려움을 이겨 내야 하고,
그 후에 비로소 행복이 뒤따른다는 것이지요.
이루고 싶은 목표가 있다면 어려움에 지지 말고 이겨내 보세요.
여러분은 할 수 있어요.

생각해 봐요! 내가 가진 두려움 중에 극복하고 싶은 것이 있다면 무엇인가요?

정답 : 이겨

극복

"노래 부르기 시험이 있는데 앞에서 크게 소리 내어 부르기가 너무 부끄럽다면?"

잘하지 못하는 것에 대해 부끄럽고 불편한 마음이 드는 것은 자연스러운 일이랍니다. 남들 앞에서 못하는 것은 중요하지 않아요. 노력하는 모습 그 자체로 멋진 일이랍니다.

함께해 봐요!

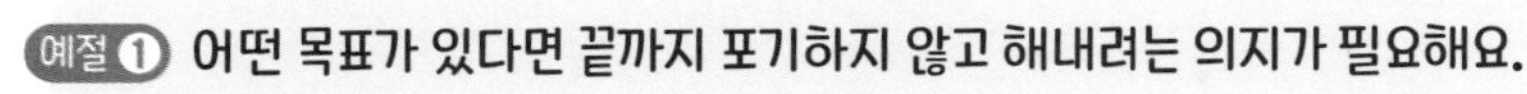

관련 인성은?

예절 ① 어떤 목표가 있다면 끝까지 포기하지 않고 해내려는 의지가 필요해요.

예절 ② 도전을 두려워하지 말고 힘을 내어 참고 이겨 내요.

예절 ③ 자신과의 싸움에서 이기고 싶다면 마음을 굳게 먹고 유혹을 물리쳐요.

예절 ④ 어려움을 극복하기 위해서는 우선 용감하게 시작하려는 의지가 필요해요.

끈 (ㄱ)

인 (ㄴ)

투 (ㅈ)

용 (ㄱ)

정답 : 끈기, 인내, 투지, 용기

긍정

있는 그대로를 (ㅈ)(ㄱ) 받아들임

"옆 반과의 경쟁에서 지기는 했지만,
우리 반이 하나 되어 멋진 경기를 펼친 것에 자랑스러워.
우리 반이라서 참 행복해."

긍정적인 사람은 자기 자신만 행복하게 하는 것이 아니라
주변 사람들에게도 긍정적인 에너지를 줄 수 있어요.
행복함을 널리 퍼트리는 행운의 네잎 클로버가 되어 보세요.

생각해 봐요! 지금 내가 처한 부정적인 상황을 긍정적으로 바꾸어 생각해 보세요.

긍정 "명절 때 가족들과 윷놀이를 하는데 져서 속상해요."

놀이는 경쟁이 아니라 즐거운 마음으로 하는 것이랍니다. 긍정적인 마음으로 놀이를 즐기면 가족과 화합하고 한마음이 될 수 있는 좋은 기회가 된답니다.

함께해 봐요!

관련 인성은?

예절 ① 긍정적인 마음으로 놀이를 즐기면 이기고 지는 것과 관계없이 즐거운 마음이 들어요.

예절 ② "이번엔 네 편이 이겼구나. 정말 축하해!" 하고 상대방을 치켜 줘요.

예절 ③ 결과를 있는 그대로를 받아들이고 즐겁게 놀이하면 재미있어서 다음에 또 하고 싶어져요.

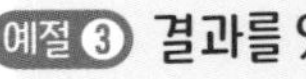

예절 ④ 긍정적인 태도를 가지면 모두가 신나게 참여할 수 있어 놀이가 만족스러워요.

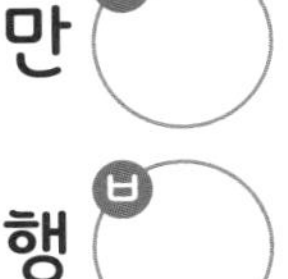

기 (ㅃ)

인 (ㅈ)

만 (ㅈ)

행 (ㅂ)

정답 : 기쁨, 인정, 만족, 행복

기 대

어떤 일이 원하는 대로 이루어지기를  면서 기다림

"지난번보다 연습을 더 많이 했으니
이번 받아쓰기 시험에는
꼭 100점을 받을 수 있을 거야."

기대하면 실망할까 봐 기대를 저버리지 말아요.
기대를 하면 발전할 나를 위해
노력하고자 하는 나의 기특한 마음을
키울 수 있기 때문이에요.

생각해 봐요! 언젠가 이루어지리라 기대하고 있는 나의 소원은 무엇인가요?

정답 : 바라

기대

"새 학년이 되었는데 친한 친구랑 같은 반이 안 될까 봐 걱정이 돼요."

친한 친구와 같은 반이 된다면 그것도 기분 좋은 시작이 되겠지만, 같은 반이 되지 않더라도 새롭게 좋은 친구를 더 많이 사귈 수 있는 기회가 될 수 있답니다. 작년과는 또 다른 친구와도 친한 친구가 될 수 있으니 기대해도 좋을 것 같아요.

함께해 봐요!

예절 ① 처음 시작할 때는 기대감 때문에 설렘과 동시에 심장이 두근거리며 떨리기도 해요.

예절 ② 멋진 새 학년을 시작하고 싶다면 "안녕, 반가워. 잘 지내보자."라며 친구들에게 친절하게 웃는 얼굴로 먼저 다가가요.

예절 ③ 도전을 두려워 말고 적극적으로 행동하고 힘차게 다짐하며 시작해요.

예절 ④ 기대하는 마음을 갖고 이왕 시작했다면 '난 잘 할 수 있어!'라고 응원하며 좋은 결과를 꿈꿔요.

관련 인성은?

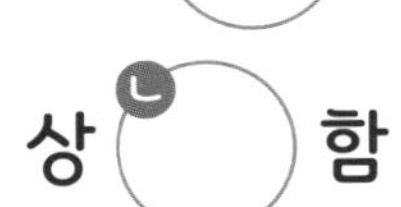

긴 (ㅈ)

상 (ㄴ) 함

의 (ㅇ)

희 (ㅁ)

정답 : 긴장, 상냥함, 의욕, 희망

기부

자신이 가진 것을 다른 사람이나 사회를 위해 (ㅁ)(ㄱ)로 나누어 주는 행동

"어려운 이웃을 위해 우리 함께 모금해서 기부를 해 보자."

기부는 다른 사람들을 돕고 세상을 더 나은 곳으로 만들어 주는 소중한 행동입니다. 기부는 누군가에게 도움을 주는 것뿐만 아니라 자신에게도 큰 보람을 느끼게 해 줍니다.

'기부는 우리가 세상을 더 나은 곳으로 만들 수 있는 힘이다.'

- 로렌스 게드니어(소설가) -

생각해 봐요! 내가 가진 것(재능, 물건 등) 중 어떤 것을 기부할 수 있는지 생각해 보세요.

정답 : 모금

기부

"TV에서 불쌍한 다른 나라의 어린이들을 보았어요. 어떻게 도울 수 있나요?"

다른 나라의 어린이들을 돕기 위해 기부를 할 수 있어요. 돈이나 물품을 기부하여 그들의 삶이 더 좋아질 뿐만 아니라 희망과 사랑을 전달할 수 있어요. 함께 노력하여 세상을 더 나은 곳으로 만들어 보세요.

함께해 봐요!

관련 인성은?

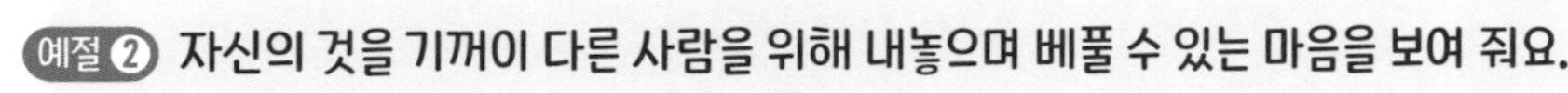

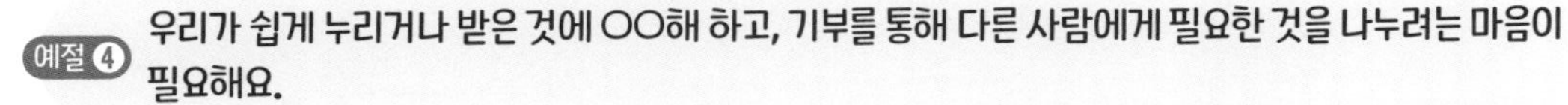

예절 ① 어려움을 겪는 이웃을 이해하는 마음으로 돕는 것이 중요해요.

예절 ② 자신의 것을 기꺼이 다른 사람을 위해 내놓으며 베풀 수 있는 마음을 보여 줘요.

예절 ③ 기부는 우리가 힘을 합쳐 사회적인 문제를 해결하고 서로를 돕는 방법 중 하나예요.

예절 ④ 우리가 쉽게 누리거나 받은 것에 ○○해 하고, 기부를 통해 다른 사람에게 필요한 것을 나누려는 마음이 필요해요.

ㄱ 공 ◯

ㄴ 나 ◯

ㄹ 협 ◯

ㅅ 감 ◯

정답 : 공감, 나눔, 협력, 감사

기쁨

원하는 바대로 이루어졌을 때의 ㅈ( ) ㄱ( ) ㅇ( ) 마음이나 느낌

"다정한 네가 내 친구여서 난 정말 기뻐."
"나 받아쓰기 100점 맞아서 너무 기뻤어."

사소한 일도 긍정적으로 생각하고 감사한 마음으로 살아가다 보면
내 주변에는 기쁜 일이 가득하다는 것을 알게 됩니다.
기쁨은 멀리 있지 않아요.
내 마음을 바꿀 수 있다면 매일매일 기쁨으로 가득할 겁니다.

생각해 봐요! 가장 기뻤던 순간은 언제인가요?

정답 : 즐거운

기쁨 "대회에서 상을 받았어요. 기뻐해도 되죠?"

열심히 노력하고 최선을 다한 결과를 인정받은 것이니 기뻐하고 자랑스러워 해도 됩니다. 상을 받는 것만큼이나 중요한 것은 그 과정에서 배운 것들이에요. 오늘의 성취를 마음껏 기뻐하며, 여러분의 노력과 열정을 칭찬합니다.

함께해 봐요!

관련 인성은?

예절 ① 좋은 결과를 이루어 내면 내가 해냈다는 뿌듯함이 느껴져요.

예절 ② 포기하지 않고 노력하면 원하던 목표를 이룰 수 있어 큰 기쁨을 느껴요.

예절 ③ 원하던 결과를 얻기 위해 노력한 내 자신이 멋지다는 생각이 들 거예요.

예절 ④ 기쁜 마음은 마치 구름 위에 둥실둥실 떠오르게 만들 만큼 ○○한 감정을 느끼게 하지요.

정답 : 만족, 성취, 자랑스러움, 행복

긴 장

마음을 조이고 (ㅈ)(ㅅ)을 바짝 차림

"친구들 앞에서 발표하려니 다리가 후들거리고
침이 바싹 마르면서 심장이 콩닥거려."

긴장하면 초조해지고 불안한 마음이 들지요.

기분 좋고 설레는 상황이라도 때로는 긴장을 하게 돼요.

경험이 많은 어른일지라도 긴장을 한답니다.

그러니 마음의 여유를 갖고 심호흡을 해 보세요.

생각해 봐요! 긴장할 때 나의 모습은 어떠한가요?

정답 : 정신

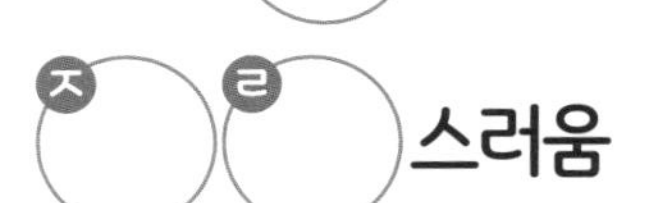

긴장 "피아노 콩쿠르 대회에 나가면 심장이 터질 것 같아요."

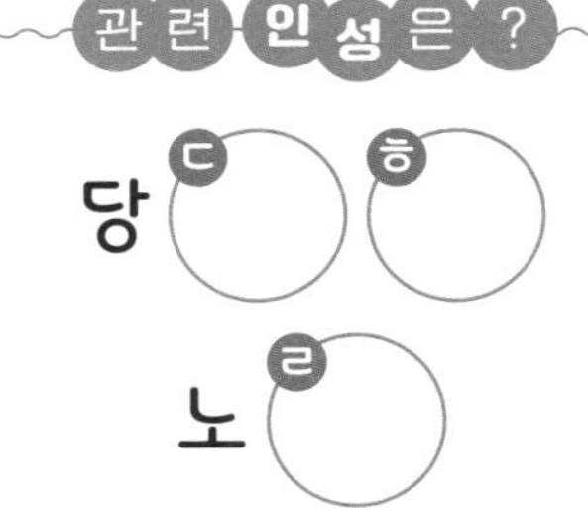

잘해야 한다는 부담감 때문에 그럴 거예요. 결과보다는 준비 과정에서 노력한 내 모습을 스스로 칭찬하며 자신감을 가져 보세요. 너무 긴장될 때는 깊게 숨을 내쉬고 천천히 마음을 진정시키세요. 도움이 될 거예요.

함께해 봐요!

관련 인성은?

예절 ① 대회에 나가면 긴장해서 실수할까 봐 마음이 움츠러들기도 하지만 괜찮아요. 그 순간을 즐기세요.

예절 ② 긴장하지 않고 제 실력을 발휘하기 위해서는 평소에 연습을 많이 해 놓아야 해요.

예절 ③ 긴장감에 소심해지지 말고 용기를 내어 그 순간에 과감하게 실력을 펼쳐요.

예절 ④ 마음의 부담감을 이겨 내고 끝까지 최선을 다하면 스스로 대견함을 느낄 수 있어요.

당 (ㄷ)(ㅎ)

노 (ㄹ)

대 (ㄷ) 함

(ㅈ)(ㄹ) 스러움

정답 : 당당함, 노력, 대담함, 자랑스러움

한결같이 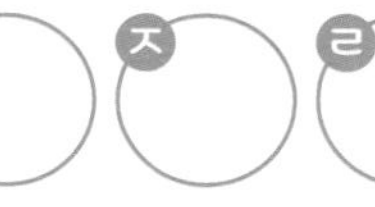 하고 끈기가 있음

"개미는 여름 내내 먹을 것을 꾸준히 옮겨
저장하였기에 추운 겨울을 잘 이겨 낼 수 있었지."

'나는 한 번에 발차기를 만 번 하는 사람은 두려워하지 않는다.
하지만 하나의 발차기를 만 번 연습하는 사람은 두려워한다.'

- 이소룡(영화배우) -

생각해 봐요! 꾸준히 실천하고 있는 나의 좋은 습관을 찾아보세요.

정답 : 부지런

꾸준함 "양치질 하루 세 번이 너무 귀찮다면?"

작은 일이라도 나에게 도움이 되는 좋은 습관이라면 꾸준하게 실천하는 태도가 필요해요. 귀찮다고 미루거나 포기하지 말고 끝까지 해낸다면 성장하는 내가 될 수 있어요.

함께해 봐요!

관련 인성은?

예절 ① 목표를 이루기 위해 꾸준히 실천하다 보면 의지가 약해질 때가 있지요. 하지만 그것을 잘 이겨 내면 목표를 성취할 수 있어요.

예절 ② 무엇이든 꾸준히 하기 위해서는 끊임없는 ○○이 필요해요.

예절 ③ 책을 꾸준히 읽으면 아는 것도 많아지고 책을 읽는 속도도 점점 빨라져요.

예절 ④ 한 가지 일이라도 꾸준히 계속하면 그 일에 대해 잘 할 수 있다는 믿음이 생겨요.

인 ㄴ( )

노 ㄹ( )

발 ㅈ( )

자 ㅅ( ) ㄱ( )

정답 : 인내, 노력, 발전, 자신감

끈기

쉽게 포기하지 않고 계속 ㄴ( ) ㄹ( ) 함

"끝까지 달릴 거야. 포기하지 않고
달리다 보면 결승점까지 갈 수 있을 거야."

새로운 것을 배우거나 발전하기 위해서는
꾸준히 노력하는 끈기가 필요해요.
목표를 이루기 위해 반복하여 연습할 때 끈기가 드러나지요.
끈기가 있어야 우리는 성장할 수 있고, 목표를 이룰 수 있답니다.

생각해 봐요! 포기하고 싶었지만, 끝까지 해내려고 노력한 경험을 떠올려 보세요.

끈기 "미술 시간에 밑그림은 그렸는데 색칠까지 다 하려니 귀찮아요."

단지 귀찮아서 하던 일을 포기하는 것은 어리석은 일이랍니다. 어렵고 힘들더라도 끝까지 자신을 믿고 해낸다면 결과에 상관없이 스스로 뿌듯해질 거예요.

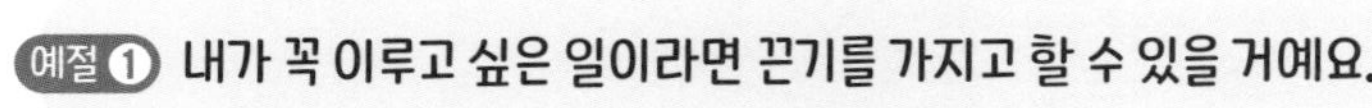

함께해 봐요!

관련 인성은?

예절 ① 내가 꼭 이루고 싶은 일이라면 끈기를 가지고 할 수 있을 거예요.

예절 ② 도중에 힘들더라도 끝까지 해내려면 "나는 할 수 있어!"라고 마음속으로 외치며 견뎌요.

예절 ③ 끈기를 가지고 꾸준히 OO하면 목표를 이룰 수 있어요.

예절 ④ 끈기를 가지고 열심히 하다 보면 몸과 마음이 성장할 수 있어요.

목 (ㅈ) 의 (ㅅ)

인 (ㄴ)

노 (ㄹ)

발 (ㅈ)

정답 : 목적의식, 인내, 노력, 발전

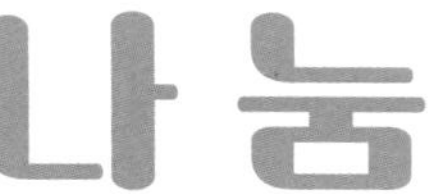

나눔

(ㄷ)(ㄱ)를 바라지 않고 베푸는 것

"더 이상 나에게는 필요하지 않은 물건을 기부해서 물건이 꼭 필요한 이웃에게 나누어 줄 수 있어. 동시에 따뜻한 마음도 나눌 수 있지."

대가를 바라지 않고 나눌 때 나눔이 진정한 가치를 지녀요.
내가 사랑하는 많은 사람과 따뜻한 마음을 나누어 보세요.
진심은 통하니까요.

생각해 봐요! 학급에서 친구들에게 대가를 바라지 않고 베풀 수 있는 행동에는 무엇이 있을까요?

정답 : 대가

나눔 "내 짝이 준비물을 가지고 오지 않았다면?"

내가 큰 불편함을 느끼지 않을 만큼은 짝에게 준비물을 나누어 주어도 좋아요. 나의 나눔으로 짝꿍도 좋은 영향을 받아 다음에 누군가를 돕게 될 거예요.

함께해 봐요!

관련 인성은?

예절 ① 무엇인가를 나눌 때는 상대방이 불편해 하지 않을지 먼저 상대방의 마음을 헤아려요.

배  (ㄹ)

예절 ② 나눔을 실천하기 위해서는 도움이 필요한지 주변을 잘 살피며 마음을 기울여야 해요.

관  (ㅅ)

예절 ③ 지구촌 곳곳에 어려운 아이들에게 성금을 통해 정을 베풀어요.

도  (ㅇ)

예절 ④ 동생이 모르거나 서툰 것이 있다면 다정하게 알려 줘요.

친  (ㅈ)

정답 : 배려, 관심, 도움, 친절

너그러움

마음이 (ㄴ) 고 아량이 있음

"이것쯤이야. 괜찮아."

넓은 바다에 물고기가 많듯이 넓은 마음에 많은 사람이 따르기 마련입니다. 마음의 그릇이 커서 너그럽고 여유가 있으면 많은 사람을 담을 수 있어요. 마음의 그릇을 넓혀 보세요.

생각해 봐요! 친구의 실수를 너그럽게 이해해 준 경험이 있나요?

정답 : 넓

너그러움 "줄을 서다가 친구가 발을 밟았다면?"

가볍게 밟힌 상황이고, 친구가 일부로 그런 것이 아니라면 "괜찮아. 그럴 수도 있지." 하고 웃으며 넘어가세요. 나도 실수할 때가 있잖아요. 서로 이해하다 보면 다툴 일이 없어요.

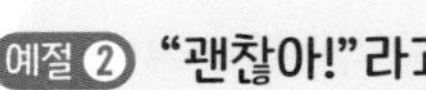

함께해 봐요!

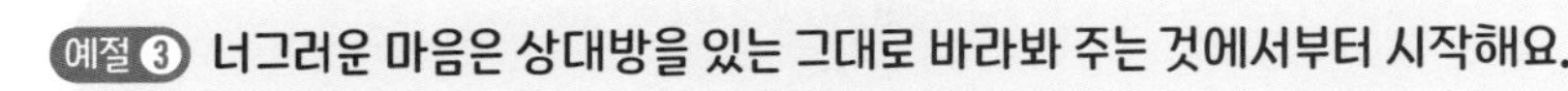

예절 ① 친구의 작은 실수에 웃으며 "그럴 수도 있지."라고 얘기해요.

예절 ② "괜찮아!"라고 말하는 것은 상대방의 입장을 이해해 주는 마음이에요.

예절 ③ 너그러운 마음은 상대방을 있는 그대로 바라봐 주는 것에서부터 시작해요.

예절 ④ 너그럽게 이해를 받고 싶다면 나의 잘못을 인정하고 "OO해."라며 사과해요.

관 

배 

이 

미 

정답 : 관용, 배려, 이해, 미안

노력

무언가를 이루기 위해 몸과 마음을 다하여 ㅇ 를 씀

"다이어트를 위해 앞으로는 채소를 많이 먹고 운동도 열심히 해야지."

'나의 성공은 중도에 그만두지 않고 한 가지 일에 매달려 끊임없이 노력하는 능력 덕분이다.'

– 토마스 에디슨(발명가) –

생각해 봐요! 올해 목표는 무엇이며, 그것을 이루기 위해 요즘 어떤 노력을 하고 있나요?

정답 : 힘

노력 "나쁘다는 걸 알면서도 자꾸만 스마트폰 게임을 하고 싶어요."

나에게 나쁜 영향을 줄 수 있다는 것을 알고 있다면 아예 하지 않거나 횟수를 줄이려고 노력해야 해요. 처음엔 어렵지만 시작해 보면 작은 노력으로도 해결할 수 있을 거예요.

함께해 봐요!

관련 인성은?

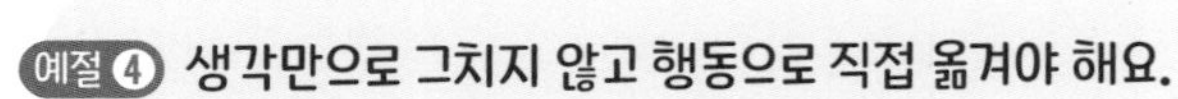

예절 ① 포기하지 않고 노력하기 위해서는 내가 가진 목표를 분명히 알고 있어야 해요.

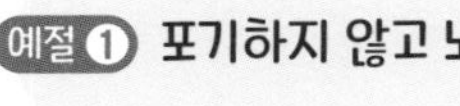

예절 ② 노력은 끈기 있게 해내려는 부지런함이에요.

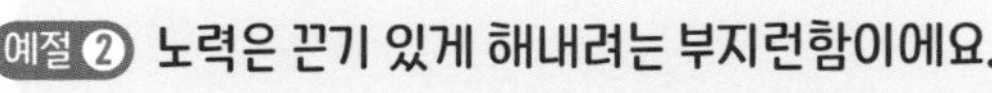

예절 ③ 어쩌다 한번 열심히 하는 것이 아니라 매일매일 조금씩이라도 규칙적으로 하는 것이에요.

예절 ④ 생각만으로 그치지 않고 행동으로 직접 옮겨야 해요.

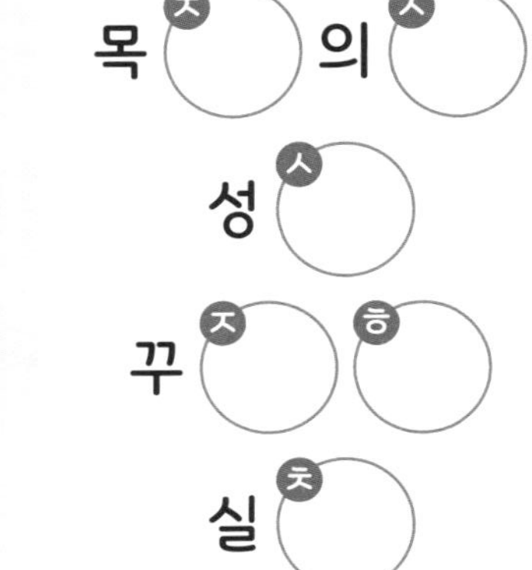

정답 : 목적의식, 성실, 꾸준함, 실천

다정함

ㅈ ◯ 이 많고 따뜻한 마음으로 다가감

"우리 엄마의 다정한 목소리는 나를 행복하게 해요."

<햇님과 바람> 이야기에서 햇님이 나그네의 옷을 벗길 수 있었던 것은 똑똑함이 아니라 다정함이었지요.
다정함은 상대방의 마음을 움직이게 하는 강력한 힘이 있답니다.

생각해 봐요! 우리 가족이 나에게 다정하게 말할 때 기분이 어떤가요?

정답 : 정

다정함 "우리 반에 새 친구가 전학을 왔다면?"

새로 전학 온 친구는 모든 것이 다 낯설어 어색할 거예요. 친구에게 웃으며 따뜻한 인사를 건네는 등 먼저 다가가세요! 친구는 다정한 여러분에게 편안함을 느껴 새 학교에 적응하는 데 큰 도움이 된답니다.

함께해 봐요!

관련 인성은?

예절 ① 다정한 태도로 마음을 베푸는 사람에게 우리는 ○○한 사람이라고 말해요.

예절 ② 다정한 행동과 말은 상대방을 귀하게 대해 주는 느낌을 줘요.

예절 ③ 다정한 행동과 말은 상대방을 ○○하기에 편안한 마음을 가지게 해요.

예절 ④ 부모님의 다정한 말씀은 내 몸과 마음을 잘 ○○○ 줘요.

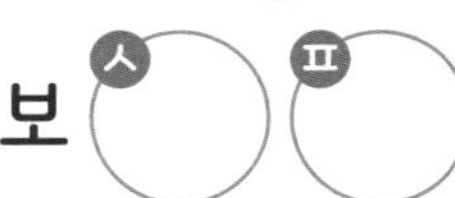

정답 : 친절, 존중, 배려, 보살펴

모습이나 태도가 ㄸ( ) ㄸ( ) 함

"외국인을 만나도 당당하게 말할 수 있어.
헬로(Hello), 하와유(How are you)?"

당당한 태도로 말하고 행동하는 사람은 강인해 보여요.
다른 사람을 배려하고 존중하는 마음 없이 강하게 말하거나
거친 행동을 하는 것은 당당한 것과는 거리가 멀어요.
자신을 낮추고 상대방을 존중하면서도 당당할 때 비로소 빛날 수 있어요.

생각해 봐요! 나에게 무례한 친구가 있다면 그 친구에게 당당하게 어떤 말을 해 주면 좋을까요?

정답 : 떳떳

당당함 "발표할 때 틀린 답을 말할까 봐 걱정돼요."

정답은 중요하지 않아요. 의견을 말할 기회가 되면 자신 있게 손을 들고 자신의 의견을 표현해 보세요.

함께해 봐요!

관련 인성은?

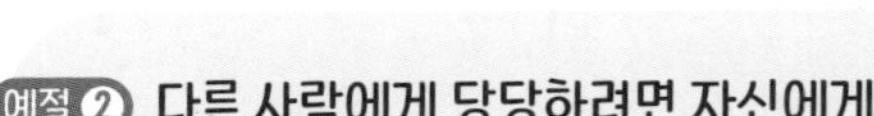

예절 ① 내 안의 힘을 믿으며 어깨를 펴고 상대방의 눈을 바라보면서 큰 목소리로 자신의 의견을 말해요.

예절 ② 다른 사람에게 당당하려면 자신에게 거짓이 없어야 해요.

예절 ③ 부끄러움에 맞서는 힘이 있어야 당당해질 수 있어요.

예절 ④ 수업 시간에 틀린 답을 말해도 괜찮아요. 열심히 참여하는 모습에서의 당당함은 멋져요.

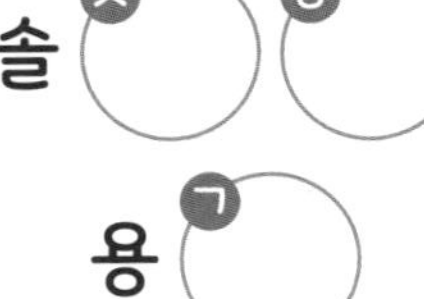

자 (ㅅ)(ㄱ)

솔 (ㅈ)(ㅎ)

용 (ㄱ)

적 (ㄱ)(ㅅ)

정답 : 자신감, 솔직함, 용기, 적극성

대담함

겁이 없고  ㅇ  ㄱ 함

"호랑이 굴에 들어가도
정신만 똑바로 차리면 문제없다고!"

누구에게나 처음은 낯설고 무서워서 용기가 잘 나지 않아요.

하지만 대담한 마음을 갖고 도전하는 사람은

값진 경험과 결과물을 얻을 수 있지요.

생각해 봐요! 지금까지 했던 가장 대담했던 행동은 무엇이었나요?

정답 : 용감

대담함

"방 안에 모기가 있어 물린 것 같아요. 잡고 싶은데 무서워요."

피하지 말고 이번에는 용기를 내어 모기를 잡아 보세요. 막상 해 보면 의외로 쉽게 잡을 수 있을지도 몰라요.

함께해 봐요!

예절 ① 막상 시도해 보면 별것 아닌 것들이 많아요. 일단 시작해 봐요.

예절 ② 늘 겁먹고 도망 다녔다면, 이번엔 모기를 내쫓거나 잡을 수 있도록 노력해요.

예절 ③ '나도 할 수 있다.'라는 마음을 가지면 시도할 수 있어요.

예절 ④ 마음을 굳게 먹고 무엇이든 일단 도전해요.

관련 인성은?

용 (ㄱ)

도 (ㅈ)

자 (ㅅ)(ㄱ)

의 (ㅈ)

정답 : 용기, 도전, 자신감, 의지

도움

다른 사람에게 어려운 문제나 상황이 생겼을 때 (ㅈ)(ㄱ) 해결하려는 태도

어려운 일이 있을 때는 겁내지 말고 도움을 요청하세요.
서로 도와주고 응원해 주면 문제를 함께 해결할 수 있어요.
다른 사람을 도와줄 때 친절하게 대하고 따뜻한 말을 해 주면
큰 힘이 됩니다. 서로 도움을 주고받는 사회는
모두에게 든든한 버팀목이 되어 준답니다.

생각해 봐요! 최근에 누군가에게 도움을 준 일이 있나요?

정답 : 적극

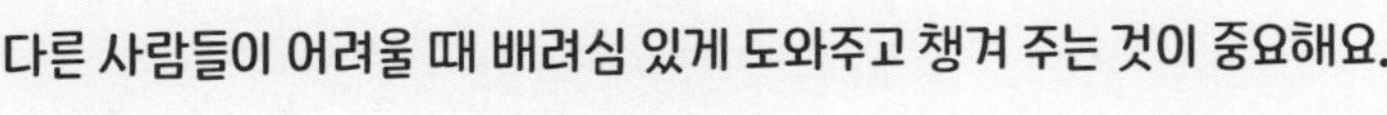

"소중한 물건을 잃어버렸을 때 누구에게 도움을 요청해야 할까요?"

소중한 물건을 잃어버렸을 때는 먼저 가족이나 선생님에게 도움을 요청하는 게 좋아요. 혼자 찾는 것보다 여럿이 함께 찾는 것이 더 빠르니까요. 또 가까운 경찰서나 분실물 센터에 방문해서 도움을 받을 수도 있답니다.

함께해 봐요!

예절 ① 다른 사람들이 어려울 때 배려심 있게 도와주고 챙겨 주는 것이 중요해요.

친 ㅈ  

예절 ② 친구들과 팀을 이루어 함께 일하면 문제를 더 쉽게 해결할 수 있어요.

협 ㄹ 

예절 ③ 다른 사람을 돕는 일은 작더라도 주변 사람들에게 긍정적인 영향을 줄 수 있어요.

봉 ㅅ 

예절 ④ 믿고 의지할 수 있도록 ○○할 만한 사람이 되면 다른 사람들에게 더 많은 도움을 줄 수 있어요.

신 ㄹ

정답 : 친절, 협력, 봉사, 신뢰

도전

새로운 일이나 어려운 일을 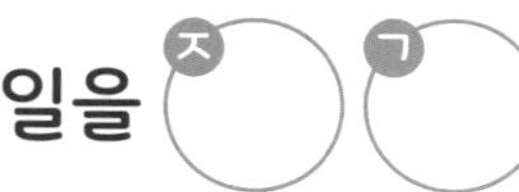 (ㅈ)(ㄱ) 적으로 해 보는 태도

"나는 이것저것 배우는 것을 좋아해.
바둑도 배우고, 복싱도 배우고, 태권도도 배우고,
바이올린도 배웠어."

처음에는 어떤 일이든 무섭고 서툰 법이랍니다.
하지만 하고 또 하다 보면 어느새 익숙하고 편안해져요.
두려워 말고 지금 도전해 보세요.

생각해 봐요! 최근에 도전해 보고 싶은 일이 있다면 무엇인가요?

정답 : 적극

"도전해 보고 싶은 일이 있는데 시작이 두려워요."

실패를 겪을까 봐 도전을 피하면 아무것도 해낼 수 없어요. 위인들은 많은 실패를 경험하면서도 겁내지 않고 끊임없이 도전했기에 훌륭한 사람이 될 수 있었답니다. 우리도 할 수 있어요. 당장 시작해 보세요.

함께해 봐요!

예절 ① 내가 이룰 수 있는 목표를 정하고 실천 의지를 다져요.

예절 ② 도전하는 그 자체로 성장할 수 있어요.

예절 ③ 새로운 일에 도전하기 위해서는 두려움을 이겨 내는 것부터가 시작이에요.

예절 ④ '나는 할 수 있다.'라는 마음을 가지고 도전에 임해요.

목 (ㅈ) 의 (ㅅ)

발 (ㅈ)

용 (ㄱ)

자 (ㅅ) (ㄱ)

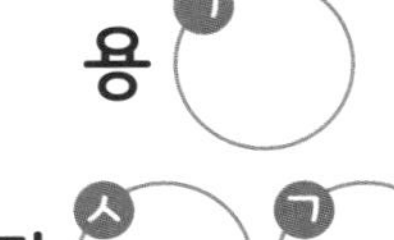
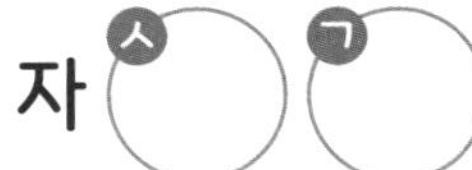

정답 : 목적의식, 발전, 용기, 자신감

독립

남에게 의지하지 않고 (ㅅ)(ㅅ)(ㄹ) 함

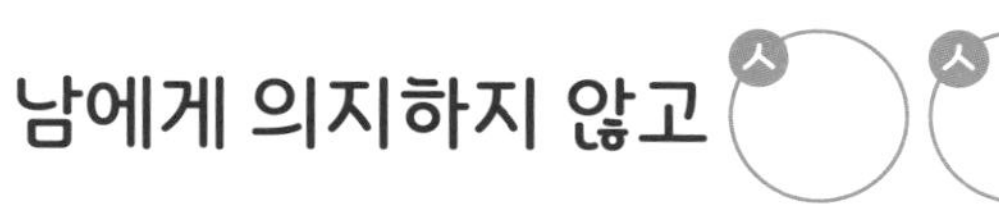
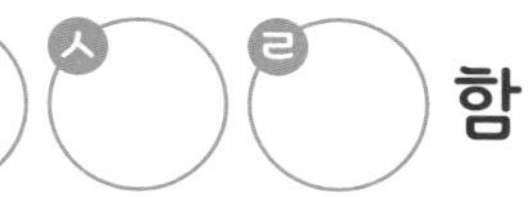
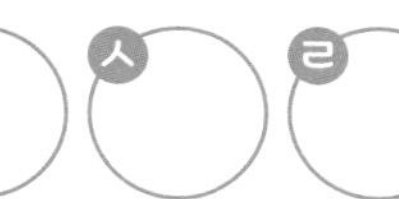
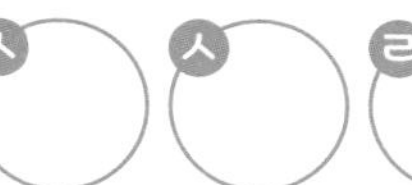

"나는 이제 9살이야. 부모님의 도움 없이도
아침에 스스로 밥을 먹고 학교에 갈 수 있어."

나이에 따라 스스로 할 수 있는 일이 더 많아져요.
나이에 맞게 스스로 생각하고 결정하며 자신의 선택에 책임질 수 있을 때 우리는 비로소 독립적이라고 말할 수 있어요. 스스로의 삶에 주인공이 되는 멋진 어른으로 성장할 수 있도록 노력하세요.

생각해 봐요! 스스로 할 수 있는 일에는 어떤 것들이 있나요?

정답 : 스스로

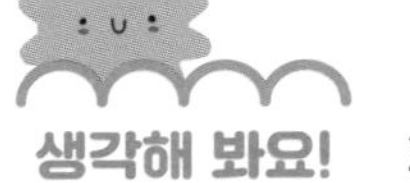

3·1절

일본의 식민 통치에 반대하며 한국의 (ㄷ)(ㄹ)을 선언한 3·1 운동을 기념하는 날

나라를 사랑하는 마음으로 우리나라의 자유와 독립을 위해 용감하게 활동하신 독립운동가의 마음을 헤아려 봅시다. 나라를 위해 헌신하신 분들에게 감사한 마음을 가져 보세요.

생각해 봐요! 3·1절에 할 수 있는 행동에는 무엇이 있을까요?

정답 : 독립

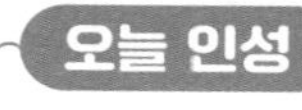

"어떤 마음으로 3·1 운동에 참여했을까요?"

나라를 빼앗긴다는 것은 언어를 빼앗기고, 사랑하는 사람을 빼앗기고, 표현하는 자유를 빼앗기는 것입니다. 사람의 몸과 마음, 정신 등 모든 것을 빼앗기는 것과 같습니다. 그렇기에 독립운동가들은 자신의 모든 것을 희생하면서 우리나라의 자주독립을 위해 3·1 운동에 참여했을 것입니다.

함께해 봐요!

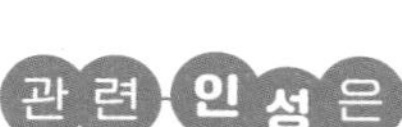

예절 ① 그 당시 3·1 운동에 어떤 마음으로 참여했을지 생각해 봐요.

예절 ② "자신의 목숨을 희생하면서까지 독립운동을 하신 분들은 참 대단하다고 생각해."

예절 ③ 누군가의 노력과 헌신으로 우리가 이렇게 자유롭게 살 수 있어요.

예절 ④ "독립운동가의 희생 없이 지금의 대한민국은 없습니다." 독립운동을 하신 분들의 행동을 본받아요.

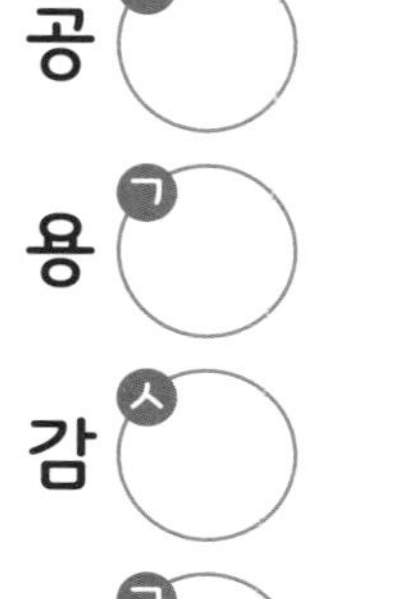

공 ㄱ( )

용 ㄱ( )

감 ㅅ( )

존 ㄱ( )

정답 : 공감, 용기, 감사, 존경

독립 "혼자 자기가 무서워요."

어느 정도 나이가 되었다면 독립성을 기르고 건강한 발달을 위해 부모와 떨어져 자는 것이 좋아요. 혼자 자기가 무섭다면 침대 가까운 곳에 좋아하는 장난감이나 인형을 두고 잠자리에 들어 보세요. 훨씬 마음이 편해질 거예요.

함께해 봐요!

관련 인성은?

예절 ① 혼자 어떤 일을 하는 것은 당연히 익숙하지 않아 처음에는 누구나 서툴러요.

걱 ㅈ○

예절 ② '혼자 밥 먹기'는 지금보다 어렸을 때는 혼자서는 해낼 수 없는 일이었어요. 지금 당연한 일도 여러분이 ○○했기에 가능한 결과랍니다.

도 ㅈ○

예절 ③ 도움을 받지 않고 스스로 해내는 일들이 많아지면 성장하는 속도가 훨씬 빨라져요.

발 ㅈ○

예절 ④ 남에게 의지하지 않고 혼자 해냈을 때 스스로 느끼는 뿌듯함도 커져요.

ㅈ○ ㄹ○ 스러움

정답 : 걱정, 도전, 발전, 자랑스러움

남의 어려움을 내 일처럼 이해하고 ㄷ( ) ㅇ( ) 줌

“새끼 고양이가 길 위에서
혼자 추위에 벌벌 떨고 있어서
걱정돼요.”

자신보다 어려운 상황에 처한 이에게 동정을 느끼는 것은
따뜻한 마음씨와 정을 지닌 것이랍니다.
주위에 대한 관심과 도움은 우리 주변을 따뜻하게 만들어 줘요.

생각해 봐요! 주변에 어려운 상황에 처한 사람들을 위해 어떤 도움을 줄 수 있을까요?

정답 : 도와

동정

"전쟁으로 인해 어려움을 겪는 다른 나라의 어린이들을 보니 마음이 아파요."

어려움을 겪는 세계의 어린이들을 보며 마음 아파할 줄 아는 생각이 참 아름다워요. 어린이들이 왜 이런 일을 겪어야 하는지, 우리가 도울 수 있는 일에는 무엇이 있을지를 생각해 보고 실천하는 건 어떨까요?

함께해 봐요!

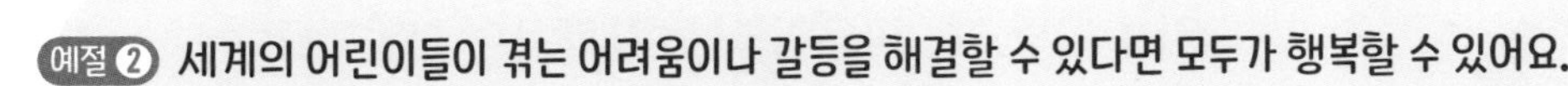

예절 ① 전쟁, 인종 차별, 빈곤 등으로 어려움을 겪는 어린이들이 있지는 않은지 살펴봐요.

예절 ② 세계의 어린이들이 겪는 어려움이나 갈등을 해결할 수 있다면 모두가 행복할 수 있어요.

예절 ③ 어려움을 겪는 어린이들에게 사랑과 관심으로 우리가 그들과 함께하고 있음을 보여 줘요.

예절 ④ 세계 모든 어린이가 아픔 없이 살아가며 ○○한 미래를 꿈꿀 수 있기를 바라요.

관련 인성은?

관 (ㅅ)

평 (ㅎ)

나 (ㄴ)

행 (ㅂ)

정답 : 관심, 평화, 나눔, 행복

두려움

무서움을 느껴 마음이 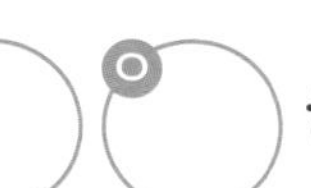 하고 조심스러운 느낌이 듦

"죽고자 하면 살 것이고 살고자 하면 죽을 것이다."

이순신 장군이 최후의 일전에서 아군보다 열 배 이상 많은 일본군을 보고도 두려움에 짓눌리지 않은 것은 바로 두려움보다 나라를 사랑하는 마음이 더 컸기 때문이 아닐까요.

'꿈을 실현하는 것을 불가능하게 하는 것이 한 가지 있다. 그것은 바로 실패에 대한 두려움이다.'

- 파울로 코엘로(소설가) -

생각해 봐요! 세상에서 가장 두려워하는 것은 무엇인가요?

정답 : 불안

두려움

"발표할 때 틀린 답을 말하게 될까 봐 두려워요."

틀려도 괜찮아요. 실패할까 봐 두려워서 시작하지 못하면 어떤 것도 배울 수 없어요. 용기를 내서 시도해 보세요. 막상 해 보면 어렵지 않아요.

함께해 봐요!

관련 인성은?

예절 ① 두려운 마음을 이겨 내면 새로운 것에 도전할 수 있는 기회가 열려요.

예절 ② '나는 할 수 있다.'라는 자신 있는 마음이 두려움을 이겨 낼 수 있어요.

예절 ③ 두려움을 극복하여 무언가를 해냈다면 스스로 너무 멋지게 느껴질 거예요.

예절 ④ 두려움을 하나씩 이겨 내면 무엇이든 잘할 수 있다는 용기가 생겨 더욱 OO하게 돼요.

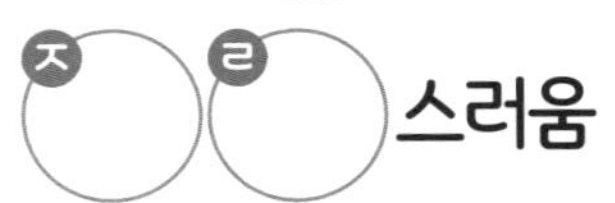

정답 : 극복, 자신감, 자랑스러움, 발전

리더십

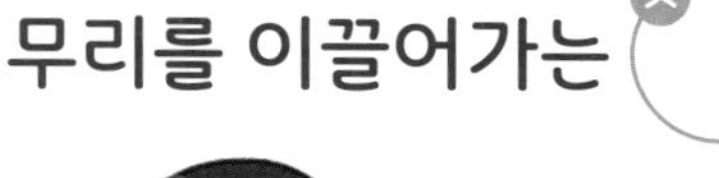

무리를 이끌어가는 (ㅈ)(ㄷ)력이나 통솔하는 능력

"제가 반장이 된다면 우리 반을 잘 이끌어 최고의 반으로 만들겠습니다."

나라를 잘 이끄는 대통령은 살기 좋은 나라를 만들 수 있어요.
가정을 잘 이끄는 가장은 행복한 가정을 만들 수 있지요.
친구들을 잘 이끄는 반장이라면 친구들과 함께
즐거운 하루를 보낼 수 있게 된답니다.

생각해 봐요! 좋은 리더가 되려면 어떤 능력을 갖추어야 할까요?

정답 : 지도

리더십 "반장이 되었는데 학급을 잘 이끌고 싶어요."

좋은 반장이 되려면 먼저 어떤 역할을 해야 하는지 고민해 봐야 해요. 친구들이 내 말에 무조건 잘 따라 주기를 바라기 전에 학급을 위해 먼저 모범을 보인다면 자연스레 학급을 잘 이끄는 반장이 되어 있을 거예요.

함께해 봐요!

관련 인성은?

예절 ① 많은 사람을 이끄는 힘을 가진 리더는 사람들에게 신뢰와 믿음을 줄 수 있어야 해요.

믿 (ㅇ)(ㅈ) 함

예절 ② 친구들이 어려워하거나 피하는 일도 기꺼이 할 수 있는 ○○ 정신이 있는 학생이 반장으로 뽑히는 경우가 많아요.

봉 (ㅅ)

예절 ③ 좋은 리더는 많은 사람과 대화를 나누며 의견을 잘 조율할 수 있는 능력을 갖추어야 해요.

소 (ㅌ)

예절 ④ 모든 일에 적극적인 자세로 모범을 보이는 리더라면 많은 사람이 자연스레 따르게 될 거예요.

솔 (ㅅ)(ㅅ) 범

정답 : 믿음직함, 봉사, 소통, 솔선수범

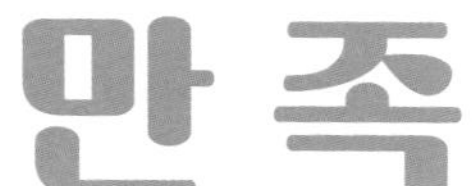

만 족

마음이 흡족하고 모자람 없이 (ㅊ)(ㅂ) 함

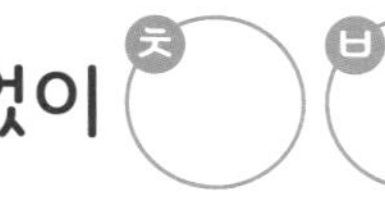

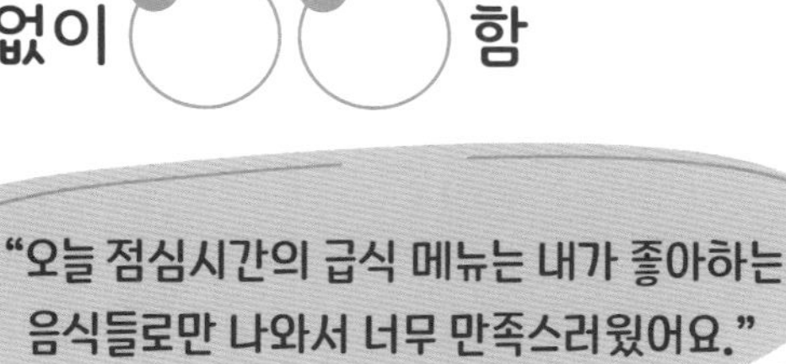

"오늘 점심시간의 급식 메뉴는 내가 좋아하는 음식들로만 나와서 너무 만족스러웠어요."

만족을 느끼는 기준은 사람마다 달라요.
기준이 높거나 까다로우면 같은 상황이라도 불만스럽게 느낄 수 있어요.
좀 더 세상을 긍정적으로 바라보고 작은 것에도 감사하는 마음을
가진다면 더 많은 것들이 만족스럽게 느껴질 거예요.

생각해 봐요! 나의 모습 중 가장 만족스러운 부분은 어디인지 이야기해 봅시다.

정답 : 충분

만족

"그림 그릴 때 마음에 안 들어서 자꾸 새로 그리게 되니 완성하지 못할 때가 많아요."

끈기를 가지고 끝까지 그려서 그림을 완성했을 때의 뿌듯함을 느껴 보기를 바라요. 그림을 완성하다 보면 실력이 나날이 발전함을 느낄 수 있을 거예요.

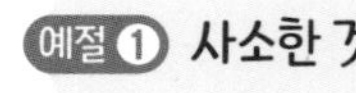

함께해 봐요!

예절 ① 사소한 것에도 OO한 마음을 가지게 되면 모든 일에 만족감이 올라가요.

예절 ② '어떻게 그려도 다 마음에 안 들어.'가 아니라 '지난번에 그렸을 때보다 이 부분이 잘 표현된 것 같아서 마음에 들어.'라고 생각을 바꾸어 보면 그림이 달라 보여요.

예절 ③ 만족감이 크면 즐거운 마음도 함께 커지기 때문에 기분이 좋아져요.

예절 ④ 만족의 기준을 조금만 낮추면 모든 것이 좋게 보여 삶이 긍정적으로 변화할 수 있어요.

관련 인성은?

감 (ㅅ)

긍 (ㅈ)

기 (ㅃ)

행 (ㅂ)

정답 : 감사, 긍정, 기쁨, 행복

명예

세상에서 훌륭하다고 인정받아  스러움

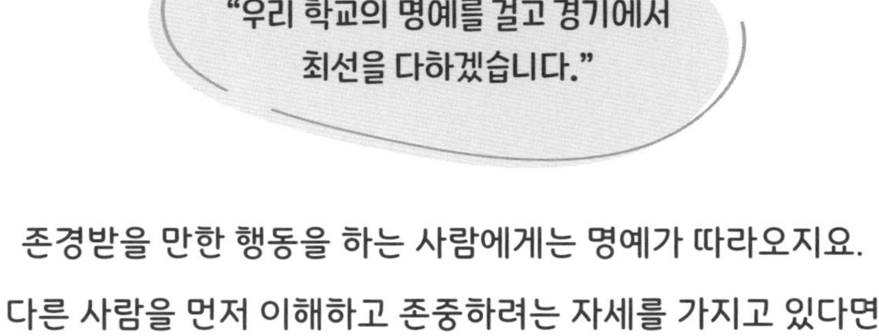

"우리 학교의 명예를 걸고 경기에서
최선을 다하겠습니다."

존경받을 만한 행동을 하는 사람에게는 명예가 따라오지요.
다른 사람을 먼저 이해하고 존중하려는 자세를 가지고 있다면
많은 사람에게 인정받을 수 있고, 스스로 자랑스러워질 거예요.

생각해 봐요! 명예로운 위인들은 어떠한 자세로 삶을 살았는지 찾아보세요.

정답 : 자랑

명예 "친구가 나에게 와서 자꾸 다른 친구의 뒷담화를 해요."

뒷담화는 상대방의 나쁜 이야기를 전하는 경우가 대부분이지요. 뒷담화하는 친구의 속상한 마음은 이해할 수 있지만 그 말에 동의해서는 안 돼요. 그리고 둘 사이의 이야기를 다른 곳에 옮겨서는 더더욱 안 되지요. 누구나 단점은 있어요. 친구의 단점보다는 장점을 바라보고 서로의 다름을 이해하려는 태도가 필요해요.

함께해 봐요!

관련 인성은?

예절 ① 거짓 없는 ○○한 모습은 다른 사람으로부터 신뢰를 얻을 수 있기에 자신의 명예를 지키고 다른 사람에게 좋은 영향력을 줄 수 있어요.

정 (ㅈ)

예절 ② 자신이 맡은 일에 ○○○ 있게 행동하면 명예가 높아지고 다른 사람들에게 인정받거나 존경받을 수 있어요.

책 (ㅇ) (ㄱ)

예절 ③ 어려운 상황에서도 ○○ 내어 도전하면 한계를 극복해 명예를 높일 수 있어요.

용 (ㄱ)

예절 ④ 다른 사람과의 약속을 잘 지키고 솔직하게 행동하며 명예를 지키는 것은 중요해요.

신 (ㄹ)

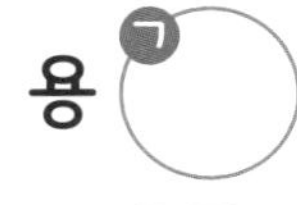

정답 : 정직, 책임감, 용기, 신뢰

목 적 의 식

무언가를 꼭 이루기 위해 분명한   를 생각함

"수영 대회에서 우승하기 위해
매일 2시간씩 수영 연습을 할 거야."

내가 이루고자 하는 목표가 분명하다면 목표에 다가가기가
훨씬 수월하답니다. 남이 정해준 대로가 아니라 나 자신과의
약속을 정해 목표를 이루어 낸다면
스스로 훨씬 더 자랑스러울 거예요.

생각해 봐요! 최근에 이루고 싶은 목표에는 어떤 것이 있나요?

정답 : 목표

목적의식

"방학 생활 계획을 세웠지만 잘 지킬 자신이 없어요."

'시작이 반이다.'라는 말처럼 계획을 세운 것만으로도 기특해요. 지키기가 어렵다면 실천하기에 너무 어려운 계획이 아닌지 다시 살펴보세요. 조금 여유 있게 계획을 세운다면 실천하기가 좀 더 쉬울 거예요.

함께해 봐요!

예절 ① 자신이 하고 싶은 일에 OO을 갖고 집중하는 것이 목적을 이루는 데 도움이 돼요.

예절 ② 목표를 이루기 위해 시간이 걸릴 수도 있지만, 끝까지 노력하면 언젠가 목표를 달성할 수 있어요.

예절 ③ 목표를 이루기 위해 OOO을 가지고 더 열심히 임하면 목표를 이룰 수 있어요.

예절 ④ 자신에게 맞는 목표를 세우고 최선을 다하는 자세가 중요해요.

관련 인성은?

열 (ㅈ)

인 (ㄴ)

책 (ㅇ)(ㄱ)

노 (ㄹ)

정답 : 열정, 인내, 책임감, 노력

무서움

두려워하거나 ㄱ(   )을 먹음

"밤에 혼자 깜깜한 화장실에 가기가 너무 무서워.
자꾸 무서운 걸 상상하게 돼."

무서운 마음이 나쁜 건 아니에요.
무서운 마음이 있기에 신중할 수 있고 조심할 수 있는 거랍니다.
대신 무서운 마음에 시도조차 못 하는 건 어리석은 일이겠지요.
심호흡하고 무서움을 이겨 내 보세요. 극복할 수 있어요!

생각해 봐요! 가장 무서워하는 것은 무엇인가요?

정답 : 겁

무서움 "혼자 학교 가기가 무서워요."

학교는 새로운 친구를 만나고 배우는 곳이에요. 무서워하지 말고 자신을 믿고 용기 내어 보세요. 학교에 가면 새로운 경험과 즐거움이 기다리고 있답니다. 친구들과 소통하며 즐거운 시간을 보내면 학교에 자꾸 가고 싶어질 거예요. 함께 응원해요!

함께해 봐요!

관련 인성은?

예절 ① 무서운 상황에서도 OO 내어 극복하고 새로운 것에 도전한다면 우리는 성장할 수 있어요.

예절 ② 자신의 능력을 믿고 OOO을 갖는다면 무서운 일에도 대처할 수 있는 힘이 생겨요.

예절 ③ 무서운 상황에서 친구를 도와주면 용기를 불어넣을 수 있어요.

예절 ④ 무서운 일이 있을 때는 OO적으로 생각하고, 문제를 해결할 수 있는 방법을 찾는 것이 중요해요.

용 (ㄱ)

자 (ㅅ) 감

도 (ㅇ)

긍 (ㅈ)

정답 : 용기, 자신감, 도움, 긍정

미안

남에게 대하여 마음이 편치 못하고 (ㅂ)(ㄲ)(ㄹ)(ㅇ) 마음이 듦

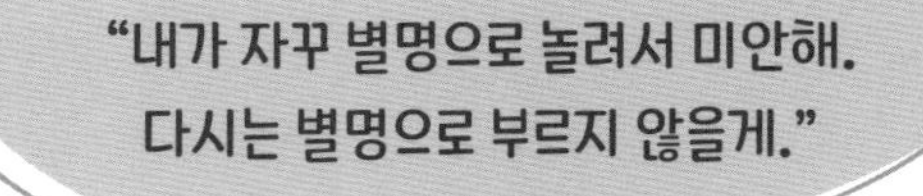

잘못을 저지르고도 "미안합니다."라고 말하지 못하는 사람은 자기 반성이나 책임감이 부족할 수 있어요. 미안함을 표현하며 사과하는 것은 자긍심이 있는 사람이 선택하는 올바른 일이에요. 미안함을 표현하는 사람은 정말 아름답습니다.

생각해 봐요! 미안한 마음이 들 때 자연스럽게 사과하는 나만의 방법은 무엇인가요?

정답 : 부끄러운

미안

"미안하다고 먼저 사과하는 것이 지는 것 같아서 꺼려져요."

미안함을 표현하는 것은 상대방에게 지는 것이 아니에요. 실수나 잘못을 했을 때 먼저 사과하는 것은 당연한 일입니다. 오히려 마음의 여유가 있고 아량이 넓은 사람이 먼저 사과하는 경우가 많아요. 미안하다는 말을 아끼지 말아요.

함께해 봐요!

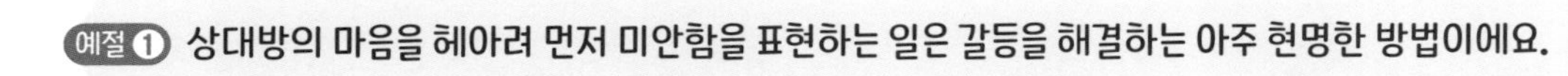

예절 ① 상대방의 마음을 헤아려 먼저 미안함을 표현하는 일은 갈등을 해결하는 아주 현명한 방법이에요.

예절 ② 미안함을 표현할 때는 상대방의 눈을 바라보며 진실한 마음을 다해 사과해요.

예절 ③ 미안하다고 말하고 나면 오히려 내 마음이 더 편안해지고 기분이 나아져요.

예절 ④ 미안한 마음이 있다면 미루지 말고 당장 달려가서 말해요. "내가 미안해. 다시 사이좋게 지내고 싶어."

지 ㅎ ◯

진 ㅅ ◯

평 ㅎ ◯

화 ㅎ ◯

정답 : 지혜, 진심, 평화, 화해

미움

◯◯하는 마음

"흥! 엄마는 매일 동생 편만 들어.
동생이 너무 얄미워."

내 마음의 기준에 따라 미움의 마음이 드는 것이기에 미움의 이유가 상대방에게 있는 것이 아니라 어쩌면 내 마음의 문제일 수도 있어요. 내 마음의 기준을 바꾸면 미운 마음 대신 다른 긍정적인 마음이 들 수 있어요.

생각해 봐요! 미운 마음이 들 때 어떻게 해결하나요?

정답 : 싫어

미움 "싫어하는 친구를 미워해도 되나요?"

싫어하는 친구를 미워하는 것은 마음을 더욱 무거운 상태로 만듭니다. 그 친구를 이해하며 관계를 개선하려고 노력해 보세요. 소통을 통해 갈등을 해결하고 서로를 이해하며 존중의 대화를 해 보는 것이 중요해요.

함께해 봐요!

관련 인성은?

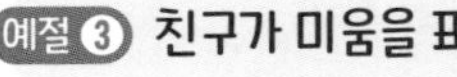

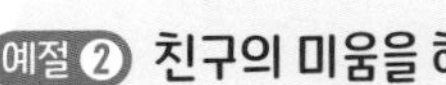

예절 ① 미움을 느낄 때는 갈등을 잘 해결하여 ○○로운 관계를 만들 수 있는 기회로 삼아야 해요. — 평 (ㅎ)

예절 ② 친구의 미움을 헤아릴 줄 아는 마음을 가지면 더 나은 관계를 만들어 나갈 수 있어요. — 이 (ㅎ)

예절 ③ 친구가 미움을 표현할 때는 서로 대화하며 상황을 이해하고 해결하려는 노력이 필요해요. — 소 (ㅌ)

예절 ④ 친구에게 왜 미움을 느끼는지 자신을 돌아보고 마음을 다스릴 수 있어야 해요. — 성 (ㅊ)

정답 : 평화, 이해, 소통, 성찰

믿음직함

매우 신뢰가 가고 ㅇ ㅈ 가 됨

"네가 우리 모둠 발표를 맡아 주니
정말 믿음직해."

믿음직함은 나와 상대방이 서로에게 깊은 신뢰를 주고받는다는 뜻이지요. 믿음은 결코 짧은 시간에 이루어질 수 없고, 오랜 시간 동안 끊임없이 노력해야 얻을 수 있는 마음이랍니다.

생각해 봐요! '이것만은 꼭 지킨다!' 절대 어기지 않는 자신과의 약속은 무엇인가요?

정답 : 의지

국제 강아지의 날

반려견을 사랑하고 유기견을 (ㅂ)(ㅎ)하며 입양을 권장하는 날

※ 반려견: 한 가족처럼 사람과 더불어 살아가는 개

※ 유기견: 주인이 돌보지 않고 내다 버린 개

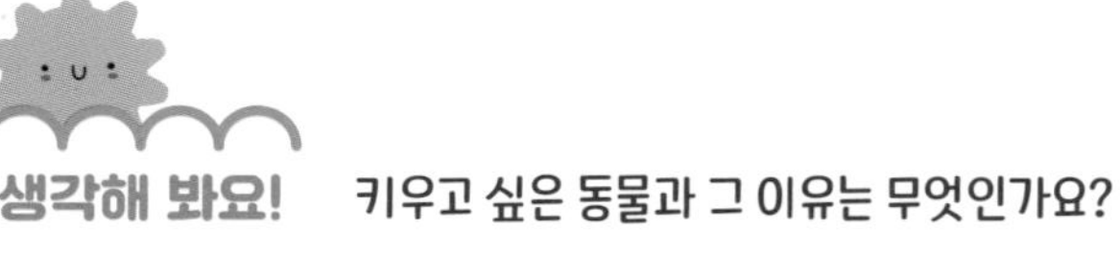

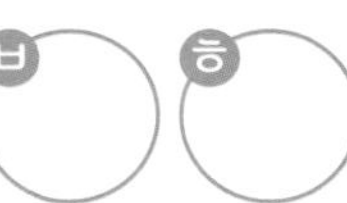

집에서 강아지와 같은 동물을 키우는 것은 쉬운 일이 아니에요.
귀엽고 예쁜 모습만을 생각하며 키우기보다 한 가족처럼
사람과 같이 생각하며 동물의 모든 모습을 사랑해줘요.

생각해 봐요! 키우고 싶은 동물과 그 이유는 무엇인가요?

정답 : 보호

"만약 내가 키우고 있는 강아지가 병에 걸린다면?"

강아지를 키우겠다고 생각하는 것은 강아지의 삶을 내가 책임지겠다는 것과 같습니다. 강아지의 아픔과 슬픔에도 공감하며 함께 살아가는 사람과 같이 대해 주길 바랍니다.

함께해 봐요!

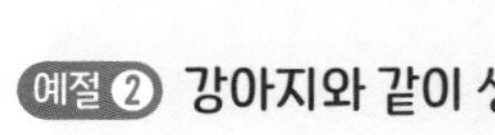

예절 ① "강아지는 너무 예쁘고 귀여워요."

예절 ② 강아지와 같이 생명을 가지고 있는 모든 생명체를 친구처럼 사랑하고 아껴 주도록 노력해요.

예절 ③ 강아지가 말 못 하는 짐승이라고 절대 함부로 대해서는 안 돼요.

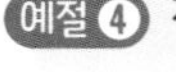

예절 ④ 집에서 키우는 동물에 관심을 가지고 항상 보호해요.

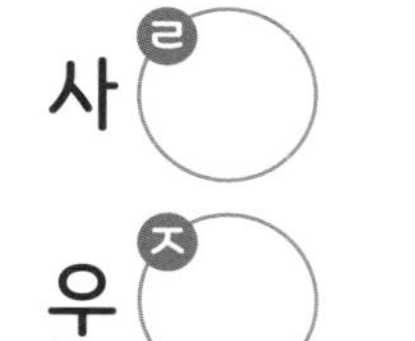

정답 : 사랑, 우정, 생명 존중, 보살핌

믿음직함

"엄마는 왜 나한테만 심부름을 시키는지 모르겠어요."

어머니께서 심부름을 시키는 것은 그만큼 여러분을 믿고 의지한다는 것을 의미합니다. 오히려 이를 긍정적인 시각으로 바라보고 우리 가족을 위해 협력하는 마음가짐을 갖는 것이 중요해요.

함께해 봐요!

관련 인성은?

예절 ① 거짓말하지 않고 솔직하게 말하면 친구들이 나에게 더 많은 믿음을 가질 수 있어요.

예절 ② 나에게 주어진 일에 OOO을 가지고 최선을 다하면 주변 사람들이 나를 신뢰하고 의지할 수 있어요.

예절 ③ 친구들의 감정을 OO하고 인정하면 다른 사람들이 나를 더 많이 믿고 의지할 거예요.

예절 ④ 중요한 결정을 내릴 때 OO하게 생각하고 행동하면 다른 사람들이 나의 판단을 더 믿을 수 있어요.

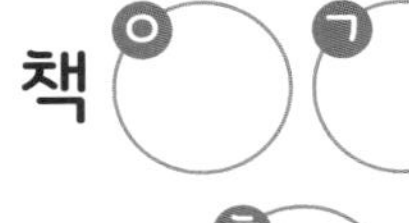

정답 : 정직, 책임감, 이해, 신중

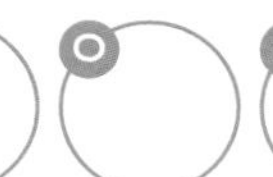

반 성

나의 말과 행동에 대해 잘못이나 부족함이 없는지 (ㄷ)(ㅇ)(ㅋ) 봄

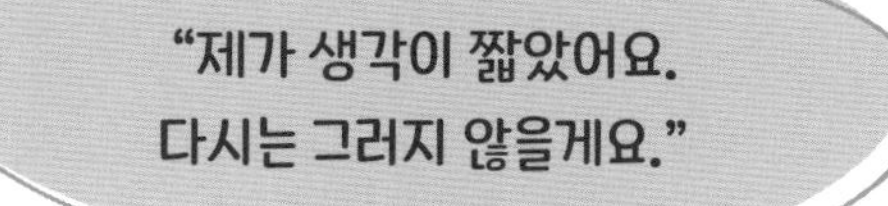

“제가 생각이 짧았어요.
다시는 그러지 않을게요.”

우리가 앞으로 나아가기 위해서 가장 먼저 필요한 것은
현재의 나를 점검하고 살피는 것입니다.
내가 지금 어떠한 상태인지 파악하고 반성할 줄 알아야
올바른 방향으로 나아갈 수 있어요.

생각해 봐요! 나의 생활 태도에서 반성해야 할 점은 무엇인가요?

정답 : 돌이켜

반성 "잘못한 건 알겠지만, 미안하다고 말하기가 부끄러워요."

잘못을 인정하고 사과하는 것은 용기 있는 일입니다. 다른 사람에게 미안하다고 솔직하게 표현하는 것은 상대방에 대한 존중과 배려를 나타냅니다. 부끄러움을 떨쳐 내고 용기 내어 사과하는 것이 중요해요. 상대방의 마음을 이해하고 솔직하게 사과하는 것이 좋습니다.

함께해 봐요!

관련 인성은?

예절 ① 친구와 싸울 때 내가 잘못한 것을 먼저 OO하고 사과해요.

예절 ② 실수를 하면 왜 그런 일이 일어났는지 자신을 돌아보고 어떻게 고쳐나가야 할지 생각해요.

예절 ③ 속상한 친구의 마음을 OO하기 위해 상대방의 입장에서 생각하려는 자세를 가져요.

예절 ④ 실수를 반성하고 내가 더 나은 사람이 되기 위해 항상 노력해요.

인 ㅈ ○

성 ㅊ ○

이 ㅎ ○

발 ㅈ ○

정답 : 인정, 성찰, 이해, 발전

발 전

더 나은 상태 또는 더 높은 단계로 ㄴ( ) ㅇ( ) 감

"작년에는 줄넘기로 모아 뛰기만 할 수 있었는데, 올해는 2단 뛰기도 할 수 있게 되었어요."

발전하려면 꾸준히 노력하고 새로운 것을 배우는 게 중요해요. 때로는 어려움을 겪을 수도 있지만, 포기하지 않고 계속 도전하면 점점 더 나아진답니다. 작은 목표를 세우고 하나씩 이루어가면서 자신감을 키웁시다.

'발전을 위해서는 늘 도전이 필요하다.'

– 레오나르도 다빈치(미술가 겸 과학자) –

생각해 봐요! 작년보다 발전된 나! 올해의 나는 작년에 비해 어떤 점이 달라졌나요?

정답 : 나아감

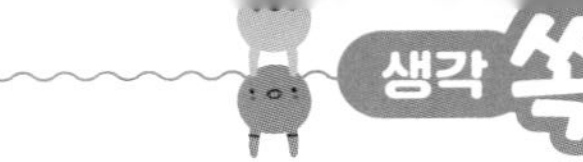

발전 "학교는 왜 가야 하나요?"

학교는 지식을 얻고 미래를 준비하는 곳입니다. 학교에서는 다양한 경험을 얻을 수 있고, 친구들과 함께 성장할 수 있는 소중한 시간을 보낼 수 있어요. 학교는 여러분의 발전 가능성을 펼칠 수 있는 보물 상자와 같답니다. 함께 배우고 성장하는 과정을 즐기며 미래를 준비해 보세요.

함께해 봐요!

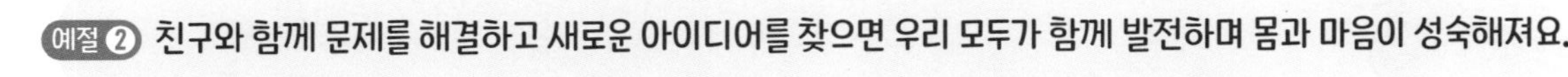

관련 인성은?

예절 ① 새로운 것을 배우고 노력하여 실력이 발전되면 다른 새로운 것도 열심히 할 수 있는 힘이 생겨요.

예절 ② 친구와 함께 문제를 해결하고 새로운 아이디어를 찾으면 우리 모두가 함께 발전하며 몸과 마음이 성숙해져요.

예절 ③ 실패를 겪으면서 꾸준히 노력하고 배우면 앞으로 더 나아지고 발전하는 모습을 볼 수 있어요.

예절 ④ 흥미를 가지고 연습하여 실력이 발전되면 새로운 것에도 두려워하지 않고 시도할 수 있는 용기를 가질 수 있어요.

자  ㅅ ㄱ

협  ㄹ

인  ㄴ

도  ㅈ

정답 : 자신감, 협력, 인내, 도전

밝음

생각이나 태도가 바르며 표정이나 분위기가 ㅎ( ) ㅎ( )

"넌 참 성격이 밝아서 너와 함께 있으면
우리 모두가 행복해지는 것 같아."

밝은 태도와 마음은 나뿐만 아니라 주변 모두에게
긍정적인 에너지를 전달할 수 있어요. 밝음은 세상 어떤 액세서리보다도
나를 아름답고 빛나게 만들어 줄 수 있답니다.

생각해 봐요! 밝은 사람은 어떤 사람을 뜻하는 걸까요?

정답 : 환함

밝음 "명절에 오랜만에 친척들과 만났는데 서먹해요."

밝게 웃으며 먼저 인사를 하면 어떨까요? 환하게 웃는 밝은 모습은 서먹한 분위기를 금방 부드럽게 만들어 줘요.

함께해 봐요!

관련 인성은?

예절 ① 어떤 상황이든지 밝은 마음가짐을 갖고 ○○적으로 생각하는 것이 중요해요.

긍 (ㅈ)

예절 ② ○○의 마음으로 하루하루를 살면 작은 것에도 행복을 느끼며 밝은 마음을 가질 수 있어요.

감 (ㅅ)

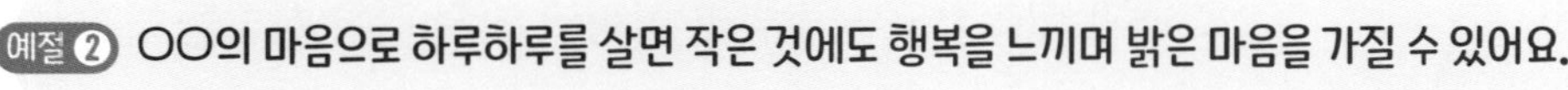

예절 ③ 친구들이 잘한 것을 ○○하고 격려해 주면, 친구들도 행복한 마음을 가지며 밝은 에너지를 얻을 수 있어요.

칭 (ㅊ)

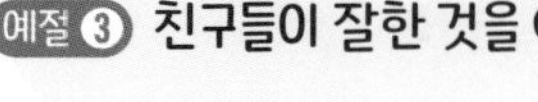

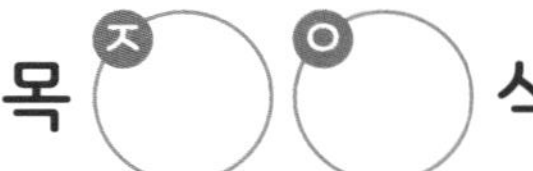

예절 ④ 자신이 이루고 싶은 목표를 갖고 노력하면 미래가 밝고 희망찬 것처럼 느껴져요.

목 (ㅈ) (ㅇ) 식

정답 : 긍정, 감사, 칭찬, 목적의식

배 려

ㄷ ㅇ 주거나 보살펴 주려고 마음을 씀

"아주머니, 제 자리에 앉으세요."

배려는 나보다 상대방을 먼저 생각하는 마음입니다.
내가 배려받고 사랑받고 싶다면 먼저 다른 사람을
배려할 줄 알아야 해요. 배려하는 마음을 먼저 베풀면
더 큰 배려가 나에게 돌아온답니다.

생각해 봐요! 내가 경험한 배려 깊은 행동을 떠올려 보세요. 그 당시 기분은 어떠했나요?

정답 : 도와

“엘리베이터에서 문이 닫히려고 할 때 누군가 타려고 한다면?”

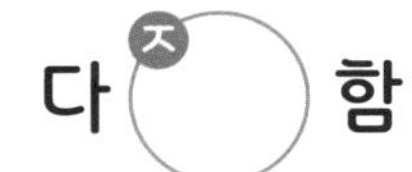

엘리베이터를 타면 목적지에 빨리 가고 싶은 마음이 드나요? 엘리베이터를 함께 탈 수 있도록 기다려 준다면 상대방은 나의 배려에 감동하게 될 거예요. 배려를 실천한 나 역시 마음이 뿌듯해진답니다.

함께해 봐요!

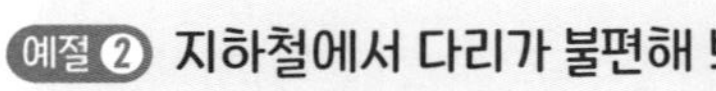

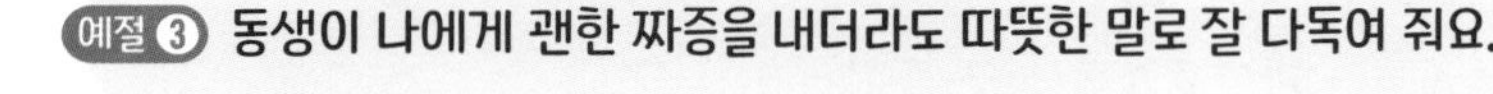

관련 인성은?

예절 ① 양손 가득 짐을 들고 있는 이웃을 위해 문을 대신 열어 줘요. — 친(ㅈ)

예절 ② 지하철에서 다리가 불편해 보이는 할머니께 자리를 비켜드려요. — 양(ㅂ)

예절 ③ 동생이 나에게 괜한 짜증을 내더라도 따뜻한 말로 잘 다독여 줘요. — 다(ㅈ)함

예절 ④ 배려하는 따뜻한 마음을 가진 사람은 어떤 누구보다도 OO다워요. — (ㅇ)(ㄹ)다움

정답 : 친절, 양보, 다정함, 아름다움

보 람

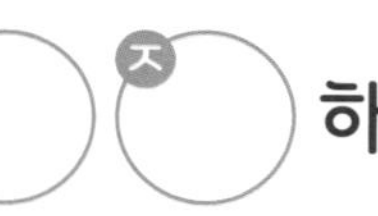

어떤 일을 한 후 (ㅁ)(ㅈ) 하거나 가치를 느낌

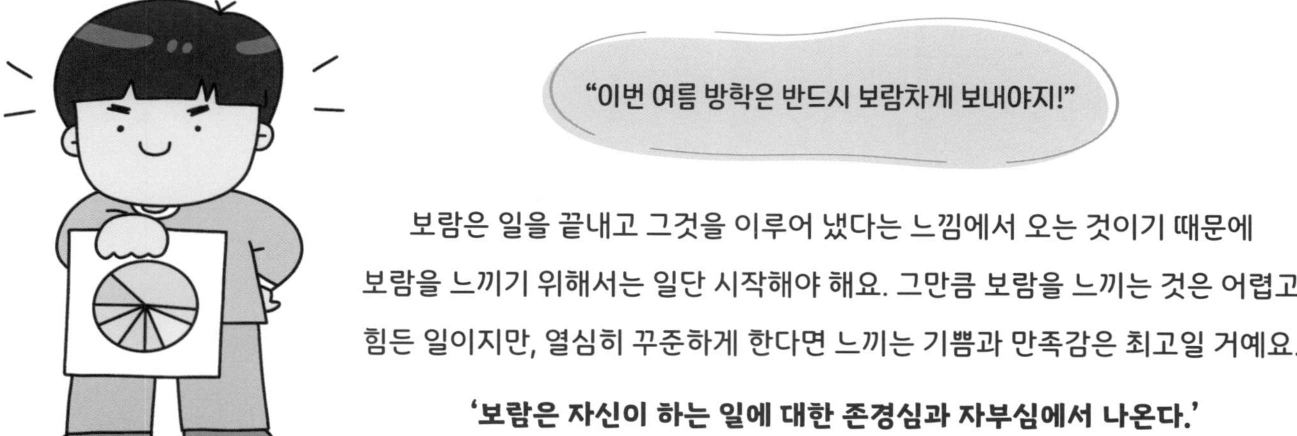

"이번 여름 방학은 반드시 보람차게 보내야지!"

보람은 일을 끝내고 그것을 이루어 냈다는 느낌에서 오는 것이기 때문에 보람을 느끼기 위해서는 일단 시작해야 해요. 그만큼 보람을 느끼는 것은 어렵고 힘든 일이지만, 열심히 꾸준하게 한다면 느끼는 기쁨과 만족감은 최고일 거예요.

'보람은 자신이 하는 일에 대한 존경심과 자부심에서 나온다.'

- 마이클 조던(농구 선수) -

생각해 봐요! 보람찬 방학이 되기 위해 어떤 계획을 세우고 실천했나요?

정답 : 만족

"보람찬 방학을 보내기 위해서는 어떻게 해야 할까?"

방학은 새로운 에너지를 충전하고 나의 능력을 한층 더 높일 수 있는 도약대가 되기도 해요. 방학 중 할 수 있는 현실적인 목표를 정하고 계획을 세워 꾸준히 이루어 나간다면 뜻깊은 방학을 보낼 수 있어 보람을 느낄 수 있답니다.

함께해 봐요!

관련 인성은 ?

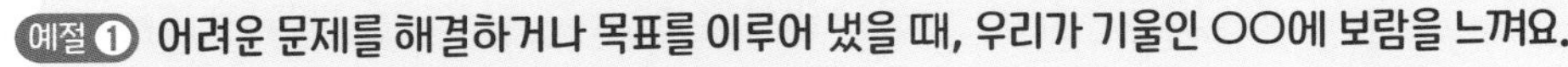

예절 ① 어려운 문제를 해결하거나 목표를 이루어 냈을 때, 우리가 기울인 ○○에 보람을 느껴요.

노 

예절 ② 어려운 사람들에게 필요한 도움을 주는 일을 하는 것은 가치 있고 보람 있어요.

봉 ㅅ

예절 ③ "드디어 내가 해냈어!"라는 성공의 경험이 보람을 느끼게 해요.

성 

예절 ④ 보람을 느낄 수 있는 경험을 많이 한다면 스스로 멋지게 느껴질 거예요.

자 

식목일

나무 심기를 통해 나무를 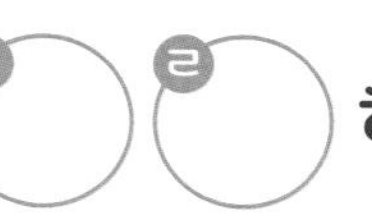 (ㅅ)(ㄹ) 하는 마음을 함께 생각하는 날

나무는 우리를 위해 정말 많은 것을 내어 줍니다.
사람에게 정서적 안정과 맑은 공기를 주며 산사태를 방지합니다.
동물들의 삶의 터전이 되어 주는 나무를 아끼고 사랑합시다.

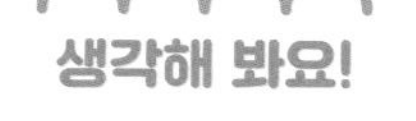

생각해 봐요! 나무 심기 행사에 참여한다면 어떤 느낌일까요?

정답 : 사랑

자연 보호

"나무를 심는 것 외에도 자연을 보호할 수 있는 방법이 있나요?"

자연을 보호하는 방법에는 여러 가지가 있어요. 재활용품을 분리해서 버리기, 가까운 거리는 걸어가기, 나무나 꽃을 함부로 꺾지 않기, 쓰레기를 버리지 않기 등 자연을 사랑하고 아끼는 행동을 실천해 보세요.

함께해 봐요!

관련 인성은?

예절 ① 주변의 나무를 보며 OO한 마음을 직접 표현해요. — 감(ㅅ)

예절 ② "나는 나무 심기를 못 했어." 자연을 보호할 수 있는 다른 행동을 찾아봐요. — 실(ㅊ)

예절 ③ 물건을 함부로 쓰지 않고 아끼는 것도 자연을 보호하는 행동이에요. — 절(ㅈ)

예절 ④ "꽃이나 나뭇가지를 함부로 꺾었던 나의 행동을 반성했어." — 후(ㅎ)

정답 : 감사, 실천, 절제, 후회

보 살 핌

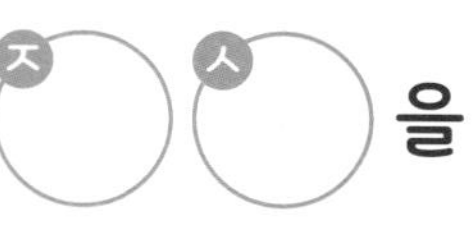

ㅈ ㅅ 을 기울여 보호하며 도움

"내가 열이 나서 아플 때 부모님께서 밤새 나를 보살펴 주셨어요."

우리는 부모님의 극진한 보살핌 속에서 성장하고 있어요.
뿐만 아니라 나를 둘러싼 많은 사람, 법과 제도도 나를 보살펴 주고 있지요.
보살핌은 나를 건강한 몸과 마음으로 자라게 해요. 늘 감사하는 마음을
가지고 나 또한 누군가를 보살필 수 있는 멋진 어른으로 성장하길 바라요.

생각해 봐요! 보살핌을 받았을 때 기분이나 느낌은 어떠했나요?

정답 : 정성

보살핌

"엄마는 항상 동생과 같이 놀라고 하시는데, 싫어요."

가족은 서로 도와주고 존중하는 것이 중요합니다. 동생과 함께 노는 것은 가족 간의 소중한 연결 고리를 만들어 줍니다. 동생과 함께 보내는 시간은 소중하며, 서로 이해하고 존중하는 마음가짐으로 함께 즐거운 시간을 보내세요.

함께해 봐요!

관련 인성은 ?

예절 ① 친구가 슬플 때, 그 이유를 이해하고 마음을 헤아려 주며 함께 울어 주고 위로해 주세요.

공 ㄱ 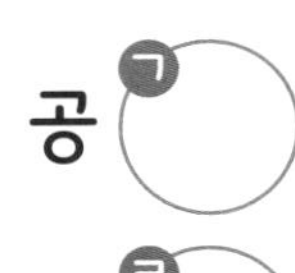

예절 ② 학교에서 모두 함께 놀 때, 다른 친구가 혼자 남지 않도록 함께 놀아요.

배 ㄹ

예절 ③ 친구가 우울할 때, 친구에게 따뜻한 미소와 격려의 말을 건네며 기분을 북돋아 줘요.

위 ㄹ 

예절 ④ 친구가 자신의 의견을 말할 때, 친구의 의견을 소중히 여기며 함께 이야기를 나눠요.

존 ㅈ 

정답 : 공감, 배려, 위로, 존중

봉사

ㄴ( ) 을 위하여 힘을 다해 애쓰려는 자세나 태도

봉사는 다른 사람을 돕는 것이고, 이는 우리가 함께 사는 세상을 더 좋게 만들어 준답니다. 작은 일이라도 도움이 될 수 있으니, 친구나 가족을 도와주는 것부터 시작해 봅시다. 봉사를 통해 배려와 나눔의 기쁨을 느낄 수 있을 거예요.

**'사랑은 그 자체로 머무를 수 없다. 그렇다면 의미가 없다.
사랑은 행동으로 이어져야 하고, 그 행동이 바로 봉사이다.'**
– 마더 데레사(수녀) –

생각해 봐요! 최근에 했던 봉사 활동은 무엇이었나요?

정답 : 남

봉사 "봉사 활동을 꼭 해야 하나요?"

봉사 활동은 다른 사람을 도우며 더 나은 사회를 만들 수 있는 기회를 줍니다. 그리고 자신의 능력을 발휘할 수 있기 때문에 자신에게도 도움이 될 뿐만 아니라 사회 전체에도 좋은 가치를 나누어 줄 수 있어요.

함께해 봐요!

관련 인성은?

예절 ① 도움이 필요한 주변 사람들을 돌보며 함께 살아가야 행복한 사회가 될 수 있어요.

예절 ② 봉사 활동은 한 번으로 끝나는 것이 아니라 계속해야 더 의미가 있어요.

예절 ③ 봉사는 "같이 도와줄게.", "함께 이겨 내자."라는 따뜻한 마음을 전하는 일이기도 해요.

예절 ④ 봉사는 베풀수록 사랑의 크기가 점점 더 커지는 OO의 가치를 실천하는 일이에요.

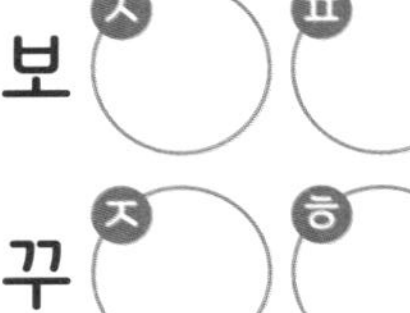

보 ㅅ ㅍ

꾸 ㅈ ㅎ

감 ㄷ

나 ㄴ

정답 : 보살핌, 꾸준함, 감동, 나눔

부끄러움

수줍은 마음 또는  심을 느낌

"발표할 때마다 얼굴이 빨개지고, 다들 나를 쳐다보고 있다고 생각하면 머릿속이 하얘져서 무슨 말을 해야 할지 모르겠어."

배우는 과정에는 늘 부끄러움이 함께해요.

그 부끄러움을 견뎌야 배울 수 있어요.

'부끄러움을 아는 건 부끄러운 것이 아니야.
부끄러움을 모르는 게 부끄러운 것이지.'

– 정지용(시인, 영화 <동주>에서) –

생각해 봐요! 부끄러움을 느낄 때 나는 어떤 모습인가요?

정답 : 수치

도서관의 날

도서관에 대한   을 높이고, 도서관을 자주 이용하자고 만든 기념일

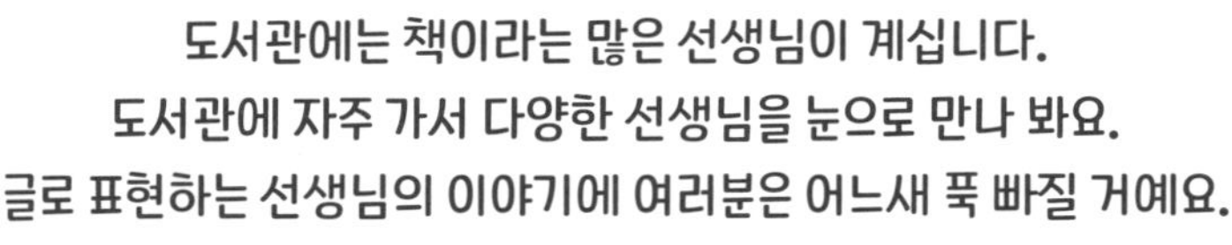

도서관에는 책이라는 많은 선생님이 계십니다.
도서관에 자주 가서 다양한 선생님을 눈으로 만나 봐요.
글로 표현하는 선생님의 이야기에 여러분은 어느새 푹 빠질 거예요.

생각해 봐요! 도서관에 가면 좋은 점은 무엇인가요?

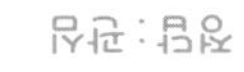

정답 : 관심

지혜 "나는 도서관보다 놀이터가 재미있어요. 꼭 도서관에 가야 하나요?"

원하는 곳에 가는 것은 여러분의 자유입니다. 놀이터가 몸과 마음의 건강을 위한 곳이라면, 도서관은 지식과 삶의 지혜를 배울 수 있는 곳이에요. 놀이터보다 도서관이 흥미롭지 않을 수 있지만, 꾸준히 가다 보면 도서관도 놀이터만큼 재미있는 곳이 될 수 있습니다.

함께해 봐요!

예절 ① 도서관에서는 다른 친구를 방해하지 않도록 조용히 해요.

예절 ② 도서관에 계시는 사서 선생님께 인사를 잘하고 공손하게 행동해요.

예절 ③ 도서관에서 하는 재미있는 행사가 참 많아요. 관심을 가지고 참여해 봐요.

예절 ④ 매일 꾸준히 책을 읽는 것은 처음에는 어렵지만 하다 보면 언젠가는 습관이 돼요.

관련 인성은?

배  (ㄹ)

예  (ㅇ)

적 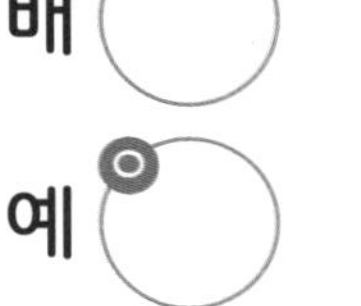 (ㄱ)

꾸  (ㅈ)(ㅎ)

정답 : 배려, 예의, 적극, 꾸준함

부끄러움

"새 학년이 되어 친구를 사귀고 싶은데 먼저 다가가려니 부끄러워요."

새 학기가 되면 새 교실, 새로운 친구들과 함께해야 하니 모든 것이 낯설고 긴장될 거예요. 서로가 먼저 다가와 주길 기다리고 있을지도 모른답니다. 가볍게 인사를 하거나 친구에게 필요한 학용품을 빌려줘 보세요. 자연스럽게 대화가 시작될 거예요.

함께해 봐요!

관련 인성은?

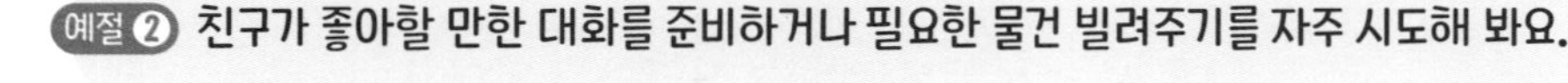

예절 ① 새로운 교실, 새 친구를 만나면 손발에 땀이 나고 말이 잘 나오지 않을 때가 있어요. — 긴 (ㅈ)

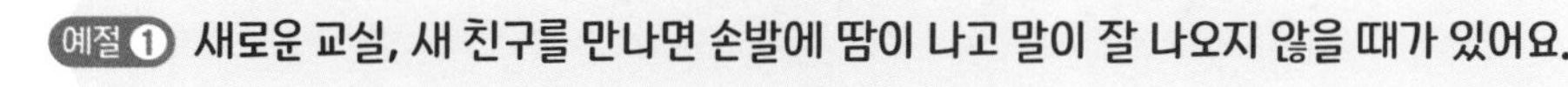

예절 ② 친구가 좋아할 만한 대화를 준비하거나 필요한 물건 빌려주기를 자주 시도해 봐요. — 노 (ㄹ)

예절 ③ "안녕, 나랑 친구 할래?" 하고 먼저 인사를 건네 봐요. — 용 (ㄱ)

예절 ④ 수줍음을 이겨 내고 적극적인 자세로 노력한다면 어느 때보다도 멋진 한 해를 보낼 수 있을 거예요. — 발 (ㅈ)

정답 : 긴장, 노력, 용기, 발전

부러움

남의 좋은 일을 보고 나도 그렇게 되기를 (ㅂ)(ㄹ)는 마음

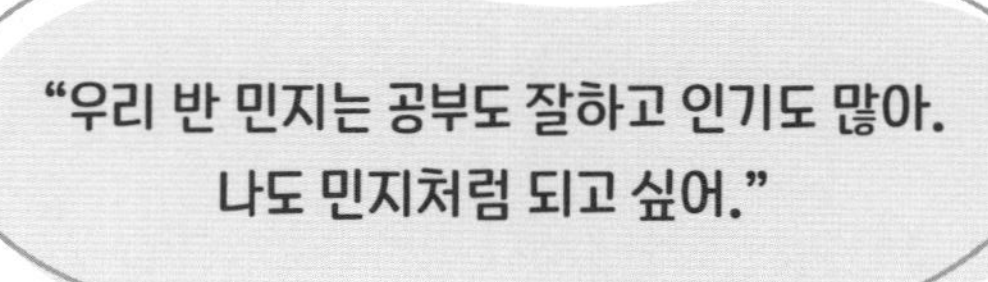

"우리 반 민지는 공부도 잘하고 인기도 많아.
나도 민지처럼 되고 싶어."

다른 사람의 행복만을 부러워하지 말아요.

나의 행복을 부러워하는 사람도 있다는 걸 잊지 마세요.

생각해 봐요! 다른 사람이 부러워할 만한 나의 좋은 점을 찾아보세요.

정답 : 바라

부러움 "늘 칭찬받는 친구가 부럽고 샘이 나요."

친구와 나를 비교하지 말아요. 어제보다 더 나은 오늘이 되기 위해 스스로 노력하세요. 내가 노력한다면 다른 사람의 칭찬은 저절로 따라오기 마련입니다. 꼭 칭찬을 받아야 훌륭한 것만은 아니랍니다. 자신을 먼저 사랑해 주세요.

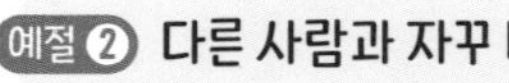

함께해 봐요!

예절 ① "나는 지금 최선을 다하고 있어." 나 자신에게 응원해 줘요.

예절 ② 다른 사람과 자꾸 비교하지 말고 내가 잘하고 있는 것에 집중해요.

예절 ③ 친구의 장점에 대해 '너 멋지다.', '너 정말 최고야.'라고 생각하거나 말할 수 있어요.

예절 ④ 누군가는 내가 가진 장점을 부러워할 테니 나를 사랑해 주세요.

관련 인성은?

자 (ㅈ)(ㄱ)

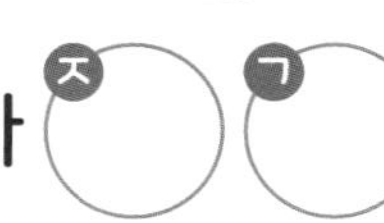

만 (ㅈ)

칭 (ㅊ)

(ㅈ)(ㄹ) 스러움

정답 : 자존감, 만족, 칭찬, 자랑스러움

분 노

가 나서 몹시 성을 내는 상태

"너무 화가 나서 입에서 불이 나올 것만 같아."

누구나 화가 날 때가 있지요. 하지만 우리는 마음속 분노를 다스리는 방법을 알아야 해요. 심호흡을 크게 세 번 정도 하고, 1부터 10까지 천천히 머릿속으로 숫자를 세어 보며 마음을 진정시켜요. 흥분된 마음을 가라앉히는 데 도움이 될 거예요.

생각해 봐요! 화가 났을 때 기분을 가라앉히는 나만의 방법을 이야기해 봅시다.

정답: 화

분노 "화가 나면 친구를 때려도 될까요?"

화가 난다고 친구를 때리면 더 큰 싸움이 되어 화가 난 마음이 더 커질 수 있어요. 마음을 진정시키고 친구에게 내가 무엇 때문에 화가 났는지 분명하게 내 마음 상태를 전달하세요. 지혜로운 방법으로도 나의 요구를 분명하게 전달할 수 있어요.

함께해 봐요!

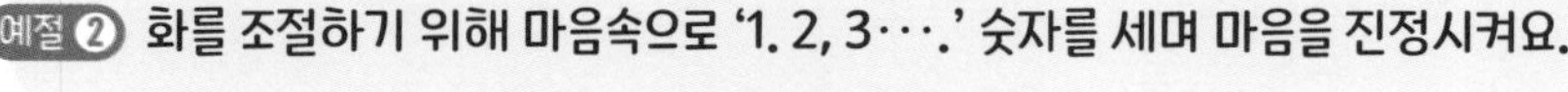

관련 인성은?

예절 ① "나에게 그런 말을 하지 않았으면 좋겠어. 속상해."라고 나의 마음을 솔직하게 전해요.

진 (ㅅ)

예절 ② 화를 조절하기 위해 마음속으로 '1, 2, 3···.' 숫자를 세며 마음을 진정시켜요.

절 (ㅈ)

예절 ③ 때로는 상대방의 의도를 이해하고 왜 그런 일이 일어났는지 생각해 보는 게 도움이 돼요.

이 (ㅎ)

예절 ④ 분노가 생길 때는 ○○적인 방향으로 해결책을 찾아야 해요.

긍 (ㅈ)

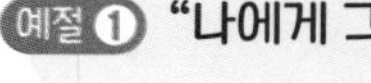

정답 : 진심, 절제, 이해, 긍정

불 만

마음이 ㅎ( ) ㅈ( ) 하지 않음

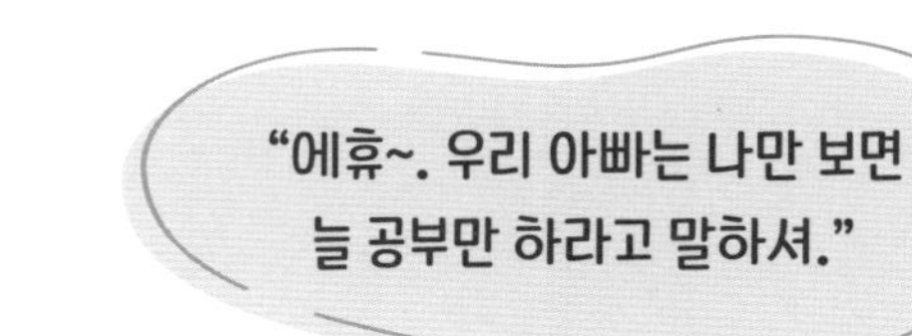
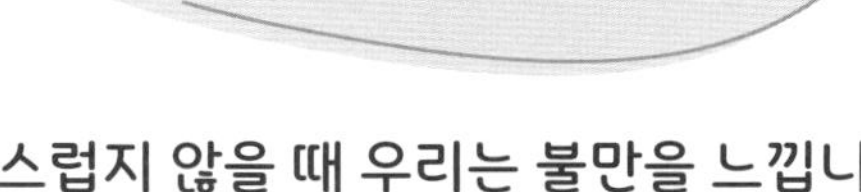

"에휴~. 우리 아빠는 나만 보면
늘 공부만 하라고 말하셔."

만족스럽지 않을 때 우리는 불만을 느낍니다.

만족의 기준은 사람마다 다르기 때문에 보통 만족의 기준이

높은 사람들이 불만을 쉽게 느끼기도 해요.

때로는 자신의 기준을 조금만 낮춰 보는 건 어떨까요?

생각해 봐요! 최근 마음속에 불만이 생겼을 때는 언제였나요? 그때 어떻게 행동하였나요?

정답 : 흡족

장애인의 날

장애인에 대한 (ㅇ)(ㅎ)와 장애인의 재활 의욕을 높이기 위한 날

※ 재활: 장애가 있는 사람이 치료를 받거나 훈련을 하여 일상생활이나 사회적 활동을 함

"장애인 10명 중 9명은 태어날 때부터 장애를 가지고 태어난 것이 아니라 사고나 질병에 의해 장애를 가지게 된다고 합니다. 장애인에 대한 잘못된 선입견을 가지기보다는 그 모습 그대로를 이해하고 존중해 주길 바랍니다."

생각해 봐요! 장애인으로 살아간다면 어떤 점이 불편할까요?

정답 : 이해

이해 "장애인을 항상 도와줘야 하는 거죠?"

장애인은 신체나 정신 중 어떤 부분에 대해서 어려움을 겪는 사람입니다. 어려워하는 부분에 대해서 도와주고 싶다면 먼저 장애인에게 "이거 들어 줄까요?", "문 열어 줄까요?" 등을 물어보면 좋습니다. '장애인은 뭐든 못하니 모두 도와줘야 해.'라는 생각보다는 상대방이 도움이 필요한지 우선 물어보고 행동하는 것이 좋습니다.

함께해 봐요!

예절 ① 어려움을 겪는 친구를 보면 "도와줄까?"라고 물어봐요.

예절 ② "역시 내가 제일 잘해."라고 뽐내기보다는 자신이 알고 있는 부분으로 친구들을 어떻게 도와줄 수 있을지 생각해요.

예절 ③ 사람마다 다른 특성이 있다는 것을 이해하고 서로의 다름을 인정해요.

예절 ④ 내가 못하는 부분에 대해 창피하게만 생각하지 말고 당당하게 행동해요.

관련 인성은 ?

친 ㅈ

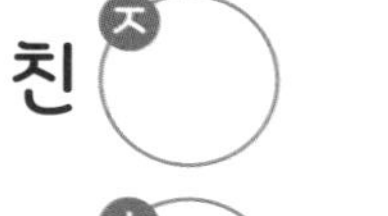

겸 ㅅ

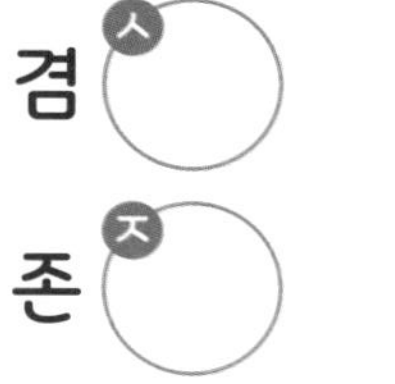

존 ㅈ

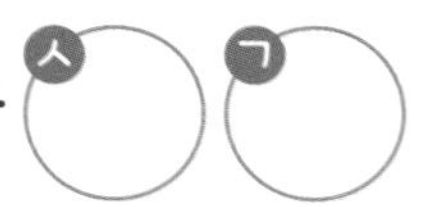

자 ㅅ ㄱ

정답 : 친절, 겸손, 존중, 자신감

지구의 날

지구 환경 오염 문제의 심각성을 알리고 지구 환경을 (ㅂ)(ㅎ) 하는 날

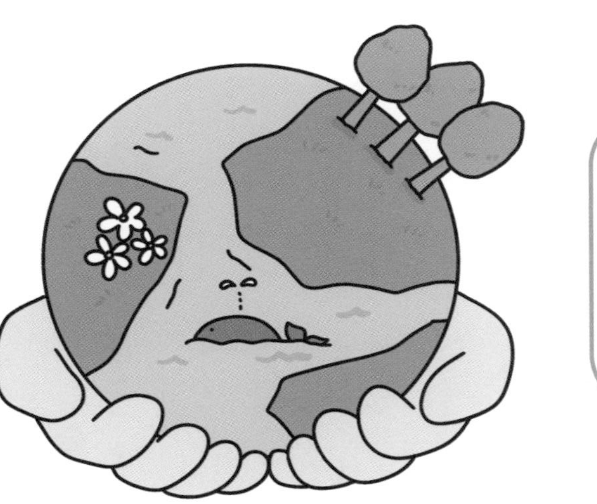

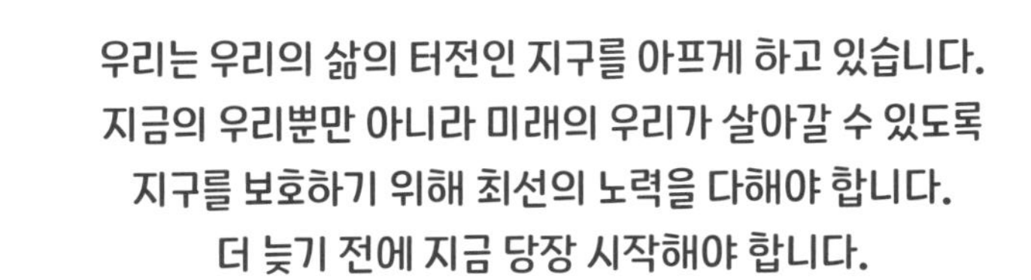

우리는 우리의 삶의 터전인 지구를 아프게 하고 있습니다.
지금의 우리뿐만 아니라 미래의 우리가 살아갈 수 있도록
지구를 보호하기 위해 최선의 노력을 다해야 합니다.
더 늦기 전에 지금 당장 시작해야 합니다.

생각해 봐요! 지구를 보호하기 위해서 우리가 할 수 있는 일에는 무엇이 있을까요?

정답 : 보호

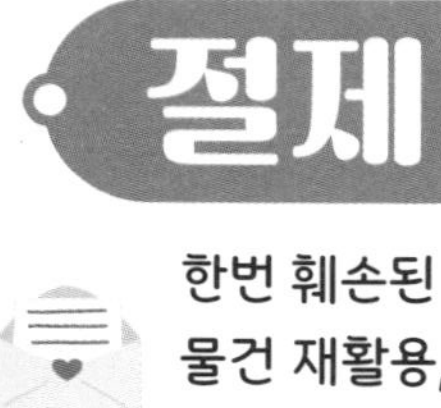

절제 "지구를 보호하기 위해 어떤 행동을 해야 할까요?"

한번 훼손된 환경을 다시 살리는 것은 굉장히 어려운 일입니다. 지구를 위해 우리가 할 수 있는 행동에는 에너지 절약, 물 절약, 물건 재활용, 일회용품 사용 줄이기 등이 있습니다. 나의 작고 사소한 행동 하나하나가 모두 지구에게 영향을 줄 수 있다는 것을 잊지 말아야 합니다.

함께해 봐요!

예절 ① "조금 힘들겠지만 걸어가 볼까?" 자연을 위해 작은 것부터 OO해요.

예절 ② 내가 한 행동 중에 지구를 아프게 한 것은 무엇인지 생각해요.

예절 ③ 에너지를 OO하기 위해 노력하면 지구를 보호할 수 있어요.

예절 ④ "나부터 일회용품 사용을 줄여야겠다." 지구를 위해 앞장서서 실천해요.

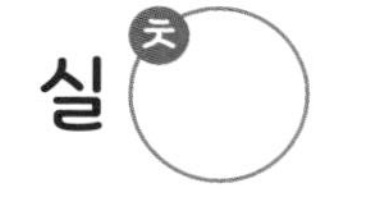

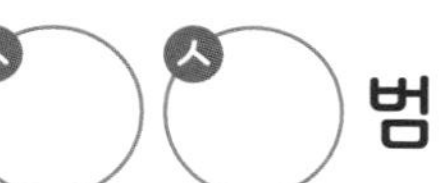

정답 : 실천, 반성, 절약, 솔선수범

불만 "공부는 왜 해야 하나요? 매일 놀고 싶어요."

공부를 하는 이유는 배움 자체의 즐거움을 느낄 수 있을 뿐만 아니라 아는 만큼 세상이 보이고 생각하는 힘도 커지기 때문입니다. 노력하는 자세와 끈기를 배울 수 있어 어떤 문제 상황에도 스스로 해결할 수 있는 능력을 키울 수 있습니다. 아는 것이 많아지는 만큼 새로운 기회도 더 많이 가질 수 있기에 자신이 원하는 삶을 선택할 수 있답니다.

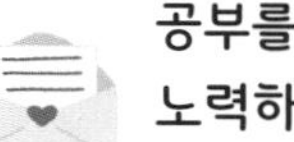

함께해 봐요!

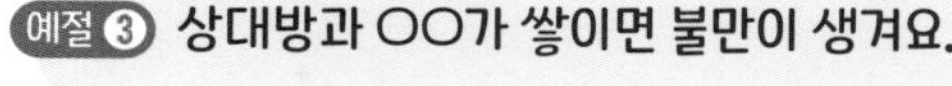

관련 인성은?

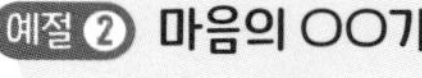

예절 ① 부정적인 생각이 많아지면 불만이 커질 수 있어요. 좋게 바꾸어 생각해요.

긍 (ㅈ)

예절 ② 마음의 OO가 생기면 불만도 줄어들어요.

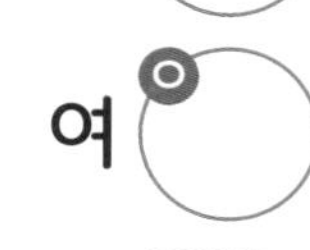

여 (ㅇ)

예절 ③ 상대방과 OO가 쌓이면 불만이 생겨요.

오 (ㅎ)

예절 ④ 불만스러운 일이 생기면 해결을 위해 함께 생각해요.

협 (ㄷ)

정답 : 긍정, 여유, 오해, 협동

국민이 법을 잘 지키고 법이 매우 (ㅈ)(ㅇ) 하다는 것을 알리는 날

국민이 서로 평화롭게 살기 위해서는 법을 잘 지켜야 합니다.
나라의 기본 규칙인 법을 지키지 않는다면 국민끼리 서로 싸우고
다툼이 일어나 나라는 혼란스러워질 거예요.

법은 어떻게 만들어질까요?

정답 : 중요

정의 "모든 사람이 법을 지키지 않는다면 어떻게 될까요?"

모든 사람이 법을 지키지 않는다면 사회적으로 큰 혼란이 일어납니다. 교통 법규를 지키지 않아 교통사고가 발생하고, 사람끼리 서로 싸우는 일도 흔하게 발생할 거예요. 결국 서로 어울려 살 수 없게 됩니다. 그래서 사회를 지탱하고 있는 법을 잘 만들고 잘 지켜야 평화롭게 살아갈 수 있어요.

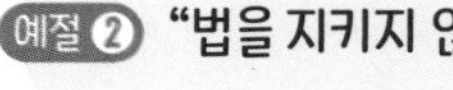

함께해 봐요!

관련 인성은?

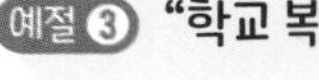

예절 ① "횡단보도가 있는 곳에서만 길을 건너야 해. 나를 위해서 실천할 거야."

안 ㅈ ◯

예절 ② "법을 지키지 않는 사람을 보면 너무 ○가 나." 모두를 위해 법을 잘 지켜요.

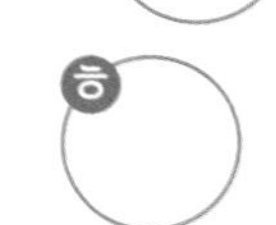

ㅎ ◯

예절 ③ "학교 복도에서 뛰지 않을 거야." 복도 ○○을 잘 지켜요.

예 ㅈ ◯

예절 ④ "법을 잘 지키는 건 손해 보는 일이 아니야."
정의롭게 행동한다면 결국 자기 자신에게 떳떳할 수 있어요.

양 ㅅ ◯

정답 : 안전, 화, 예절, 양심

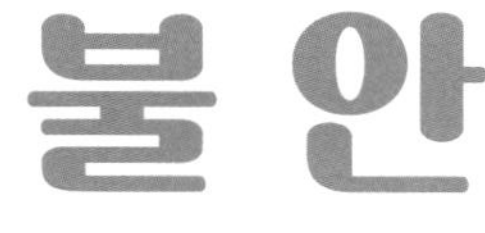

불 안

마음이  하지 않고 조마조마함

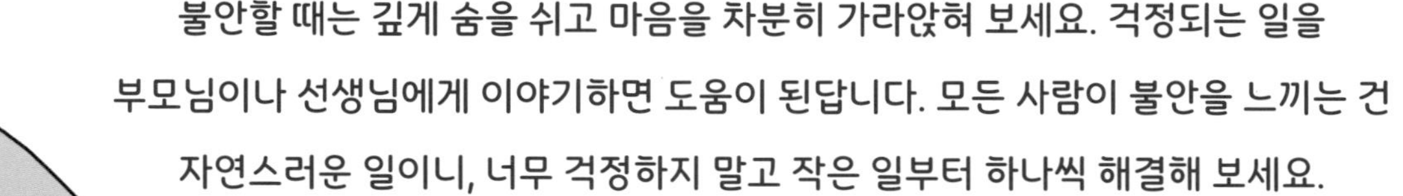

"내일 중요한 시험이 있는데 시험을 잘 못 볼까 봐 마음이 조마조마해."

불안할 때는 깊게 숨을 쉬고 마음을 차분히 가라앉혀 보세요. 걱정되는 일을 부모님이나 선생님에게 이야기하면 도움이 된답니다. 모든 사람이 불안을 느끼는 건 자연스러운 일이니, 너무 걱정하지 말고 작은 일부터 하나씩 해결해 보세요.

'꿈을 실현하는 것을 불가능하게 하는 것이 한 가지 있다. 그것은 바로 실패에 대한 두려움이다.'

- 파울로 코엘로(소설가) -

생각해 봐요! 불안을 느낄 때 우리는 긴장하게 되는데, 긴장을 늦추는 나만의 방법은 무엇인가요?

정답 : 편

충무공 이순신 탄신일

충무공 (ㅇ)(ㅅ)(ㅅ) 장군의 업적과 정신을 국민에게 알리는 날

※ 업적: 어떤 사업이나 연구 따위에서 세운 공적

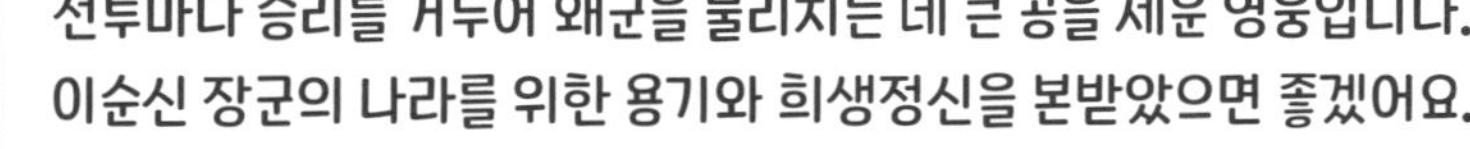

충무공 이순신은 조선의 장군으로 임진왜란 당시 수군을 이끌고 전투마다 승리를 거두어 왜군을 물리치는 데 큰 공을 세운 영웅입니다. 이순신 장군의 나라를 위한 용기와 희생정신을 본받았으면 좋겠어요.

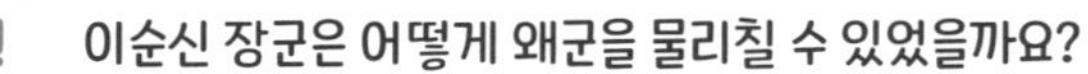

생각해 봐요! 이순신 장군은 어떻게 왜군을 물리칠 수 있었을까요?

정답 : 이순신

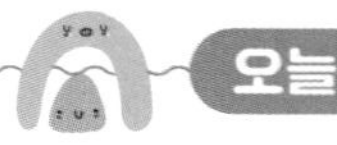

오늘 인성

용기 "이순신 장군은 왜군과 싸울 때 무섭지 않았을까요?"

사람은 죽음 앞에서 두렵고 무서운 감정을 느껴요. 하지만 이순신 장군은 수군을 이끌면서 용맹한 정신력으로 오직 적을 이기겠다는 생각으로 전쟁에 참여했어요. 이런 이순신 장군의 용기가 없었다면 임진왜란 때 조선은 더 큰 위기를 맞았을 것입니다. 나라를 위해 용감하게 싸운 이순신 장군의 정신을 본받읍시다.

함께해 봐요!

예절 ① 이순신 장군과 같이 나라를 위해 싸우신 분들이 있었기에 지금의 대한민국이 있다는 것을 생각해요.

예절 ② 나라를 위해 희생하신 분들의 정신을 공경하고 본받아요.

예절 ③ 이순신 장군과 같이 수군을 힘 있게 이끄는 멋진 OOO을 배워요.

예절 ④ 나라를 위해 내가 OO할 수 있는 것에는 무엇이 있을지 생각해요.

관련 인성은 ?

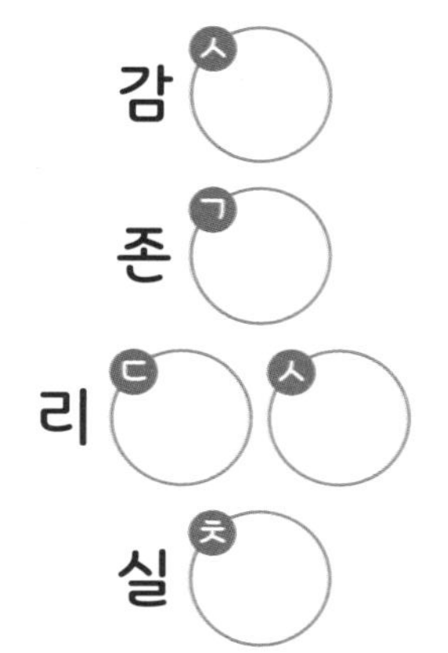

정답 : 감사, 존경, 리더십, 실천

불안 "손톱을 물어뜯는 나쁜 습관을 고치고 싶어요."

나쁜 습관임을 인식하고 고치려는 마음을 가진 것만으로도 이미 절반은 성공입니다. 편안한 음악을 감상하거나 내가 좋아하는 것들을 상상해 보며 잠깐이나마 불안한 마음을 잊어 보는 것이 나쁜 습관을 없애는 데에 큰 도움이 됩니다.

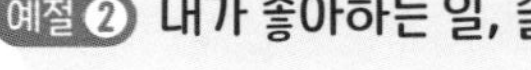

함께해 봐요!

관련 인성은?

예절 ① OO이 많아지면 불안감이 커져서 손톱을 더 물어뜯게 되니 OO이 생기면 빨리 해결해요.

예절 ② 내가 좋아하는 일, 즐거운 일을 하면서 나쁜 습관이 나오는 횟수를 줄여요.

예절 ③ 불안한 마음을 이겨 내야 앞으로 더 멋진 일들을 해낼 수 있어요.

예절 ④ 나의 나쁜 습관을 돌이켜 보고 앞으로 고치기 위해 노력하는 자세가 필요해요.

걱 (ㅈ)

관 (ㅅ)

극 (ㅂ)

반 (ㅅ)

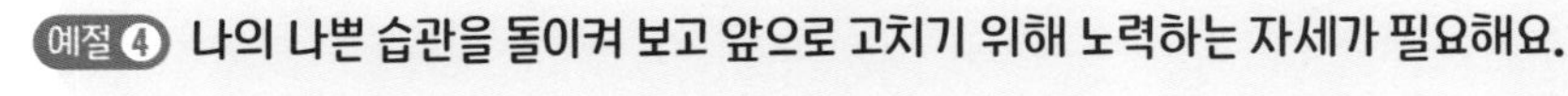

정답 : 걱정, 관심, 극복, 반성

근로자의 날

근로자의 수고로움을 ㅇ( ) ㄹ( ) 하고, 사기와 복지를 향상하기 위한 날

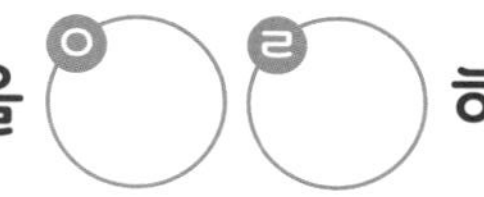

※ 사기: 의욕이나 자신감 따위로 충만하여 굽힐 줄 모르는 기세

※ 복지: 행복한 삶

각자 자신의 위치에서 열심히 일하는 근로자들의 수고 덕분에 우리는 많은 것을 편하게 얻으며 살고 있습니다. 하루하루를 성실하게 일하고 계시는 주변의 근로자들에게 응원의 메시지를 보냅시다.

생각해 봐요! 주변에서 볼 수 있는 근로자에는 누가 있을까요?

정답 : 위로

성실 "공부하는 것도 힘들지만, 나중에 커서 일하는 것도 힘들 것 같아요."

세상에 쉬운 일은 없어요. 각자 맡은 역할에 따라 매일 성실하게 한 걸음씩 나아갑니다. 그렇게 성실하게 묵묵히 살다 보면 원하는 꿈에 조금씩 다가갈 거예요. 공부도 일도 모두 힘든 과정이지만, 각자가 가진 소망과 꿈을 위해 오늘도 힘들지만 즐거운 마음으로 열심히 살아가고 있어요.

함께해 봐요!

관련 인성은?

예절 ① 부모님께서 열심히 일해서 벌어온 돈으로 우리가 이렇게 생활할 수 있어요.

감 ㅅ ( )

예절 ② "나도 열심히 공부해야지." 각자 자신의 역할에 최선을 다해요.

성 ㅅ ( )

예절 ③ 아파트나 학교에서 복도와 계단을 청소해 주시는 분을 보면 "안녕하세요."라고 인사를 드려요.

예 ㅇ ( )

예절 ④ "나는 커서 하고 싶은 일을 위해 항상 최선의 노력을 해요."

열 ㅈ ( )

정답 : 감사, 성실, 예의, 열정

불편

몸이나 마음이 편하지 않고 ㄱ( ) ㄹ( ) 움

“사람들이 쓰레기를 함부로 버려서 더러워진 주변을 보니 내 마음이 불편해.”

성장과 발전은 불편함으로부터 오는 거예요.
세상을 편리하게 만들어 준 위대한 발명품도
처음에는 불편함으로부터 시작된 것이 대부분이랍니다.

생각해 봐요! 최근에 불편함을 느꼈던 상황이 있었다면 무엇인가요?

정답 : 괴로

"친하지 않은 친구와 짝이 되어 자리를 바꾸고 싶어요."

학급에서 짝을 바꾸는 이유는 다양한 친구와 만나 함께 생활하면서 인간관계에 꼭 필요한 예의와 배려를 배울 수 있는 좋은 방법이기 때문이에요.

관련 인성은?

예절 ① "잘 지내 보자.", "사이좋게 지내자."라고 밝게 웃으며 새로운 짝과 인사해요.

예절 ② 새로운 짝과 생활하다 보면 그동안 보지 못했던 장점을 발견하게 되고 친해질 수 있는 계기가 될 수 있어요.

예절 ③ 내가 좋아하지 않는 친구도 긍정적인 마음으로 바라보면 좋은 점을 찾을 수 있어요.

예절 ④ 불편한 마음을 잘 다스리기 위해서는 '괜찮아. 다 잘 될 거야.', '별것 아니야.'라는 마음을 가져요.

상 (ㄴ) 함

우 (ㅈ)

관 (ㅅ)

여 (ㅇ)

정답 : 상냥함, 우정, 관심, 여유

어린이들이 올바르고 슬기로우며 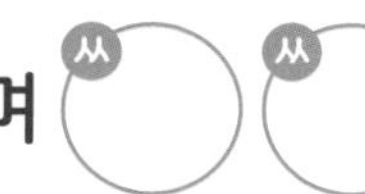 하게 자라도록 하기 위한 기념일

오늘은 어린이날입니다.
행복하고 건강한 어린이가 되기 위해서 항상
부모님께 감사드리고 부모님의 말씀을 잘 들어야 합니다.
오늘도 그런 마음으로 즐겁게 하루를 보낼 수 있죠?
모두 행복하고 즐거운 어린이날이 되길 바랍니다.

생각해 봐요! 나에게 가장 특별했던 어린이날은 언제이며, 그 이유는 무엇인가요?

정답 : 씩씩

감사 "나는 커서 어떤 어른이 될까요?"

올바르고 슬기로우며 씩씩하게 자라날 여러분은 커서 어떤 어른이 되고 싶나요? 평소 어떤 어른이 될지 고민해 보지 않았다면 한 번쯤 고민해 봤으면 좋겠어요. 사람은 누구나 나이를 먹으면 어른이 됩니다. 나이를 먹었다고 모두 멋진 어른이 되는 것은 아니랍니다. 평소 자신의 특기와 장점을 살려 열심히 공부하고 노력한 사람은 멋진 어른이 될 수 있어요.

함께해 봐요!

관련 인성은?

예절 ① "저는 커서 멋진 어른이 되고 싶어요." 자신의 꿈을 위해 노력해요.

예절 ② 많은 분들의 도움으로 지금의 내가 있는 것입니다. 항상 OO한 자세로 생활해요.

예절 ③ 지금까지 건강하고 씩씩하게 커 온 자신에게 OO해 줘요.

예절 ④ 내가 무엇을 잘하고 무엇에 관심이 있는지 항상 자기 자신에게 관심을 가지고 물어봐요.

희 ㅁ
겸 ㅅ
칭 ㅊ
자 ㅈ ㄱ

정답 : 희망, 겸손, 칭찬, 자존감

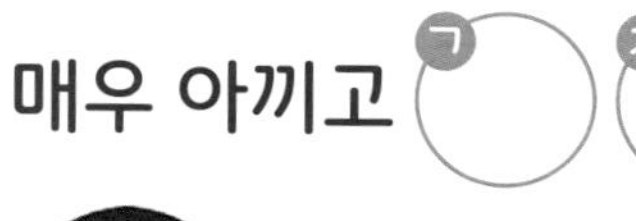

사랑

매우 아끼고 ㄱ( ) ㅈ( ) 히 여기는 마음

"내가 세상에서 가장 사랑하는 사람은 우리 엄마, 아빠입니다."

많은 사람에게 사랑을 베풀고 싶다면 먼저 자기 자신을 가장 사랑하세요. 사랑은 무엇보다도 자신을 위한 가장 큰 선물이랍니다.

'사랑은 눈으로 보지 않고 마음으로 보는 거랍니다.'

– 셰익스피어(작가) –

생각해 봐요! 내가 제일 사랑하는 사람에게 지금 바로 나의 마음을 표현해 보세요.

정답 : 귀중

어버이날

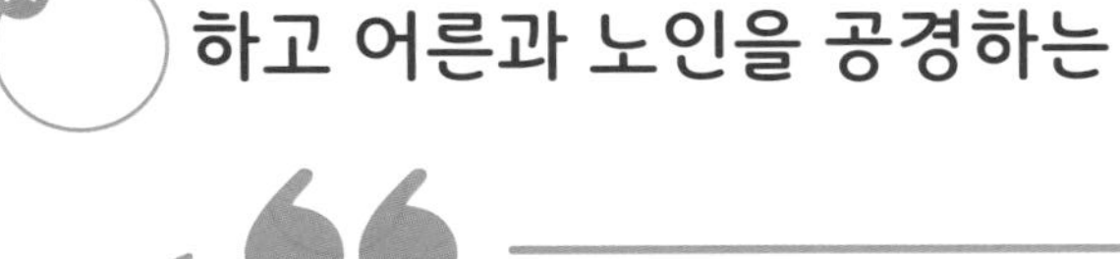

어버이의 은혜에 ㄱ( ) ㅅ( ) 하고 어른과 노인을 공경하는 날

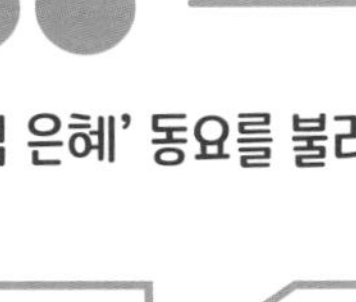

'어머님 은혜' 동요를 불러 보며 부모님의 은혜에 대해 생각해 보세요.

<어머님 은혜>

높고 높은 하늘이라 말들 하지만

나는 나는 높은 게 또 하나 있지

낳으시고 기르시는 어머님 은혜

푸른 하늘 그보다도 높은 것 같애

생각해 봐요! 가족은 나에게 어떤 의미일까요?

정답 : 감사

효 "나를 키워 주시는 분들에게 감사의 표현을 어떻게 하지?"

나를 키워 주시는 가족 또는 사람들에게 감사의 표현을 전하고 싶나요? 여러분의 마음이 듬뿍 담긴 편지 한 장이면 충분히 감사한 마음을 전할 수 있을 거예요. 어떨 때 감사했는지, 어떨 때 죄송했는지, 어떨 때 행복했는지 그동안 받은 사랑에 대한 감사의 마음을 진심을 다해 표현해 보세요. 받으시는 분도 무척 좋아할 겁니다.

함께해 봐요!

관련 인성은?

예절 ① 가족과 함께했던 즐거운 순간을 떠올려 봐요. 그 순간의 감정은 어떠했나요?

예절 ② 내가 아팠을 때 가족은 나에게 어떻게 해 줬나요? 그때 마음은 어떠했나요?

예절 ③ "가족에게 정성이 담긴 편지를 쓸 거야." 여러분의 마음을 전해 봐요.

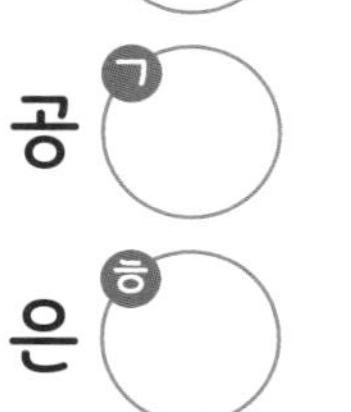

예절 ④ 나중에 커서 어른이 된다면 나를 키워 주신 분들의 OO를 잊지 않겠습니다.

행 ㅂ ( )
감 ㄷ ( )
공 ㄱ ( )
은 ㅎ ( )

정답 : 행복, 감동, 공감, 은혜

사랑 "사랑하는 마음을 어떻게 표현해야 할지 모르겠어요."

사랑은 말, 행동 등 다양한 방식으로 표현할 수 있습니다. 상대방을 이해하고 존중하며 따뜻한 마음으로 대하는 것이 중요합니다. 간단한 행동이나 말 한마디로도 상대방에게 사랑을 전할 수 있어요. 진실한 마음을 가지고 상대방을 위해 노력하고 배려하는 것이 사랑을 표현하는 방법입니다.

함께해 봐요!

관련 인성은?

예절 ① 사랑하는 친구가 슬플 때 위로하고, 힘들 때에는 함께 곁에 있어 줘요.

배 ㄹ

예절 ② 사랑하는 사람과 더 가까워지려면 상대방의 생각이나 감정을 이해하고 마음을 헤아리는 것이 중요해요.

공 ㄱ

예절 ③ 사랑하는 사람의 의견이나 생각을 인정하고 소중히 여겨야 해요.

존 ㅈ

예절 ④ 사랑하는 사람을 지키기 위해 약속을 잘 지키고 항상 신뢰할 수 있는 친구가 되어야 해요.

책 ㅇ 감

정답 : 배려, 공감, 존중, 책임감

상냥함

성격이 싹싹하고  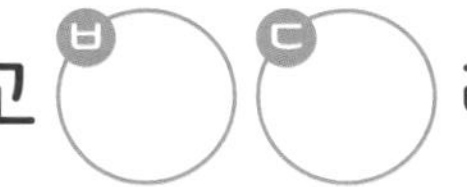 러움

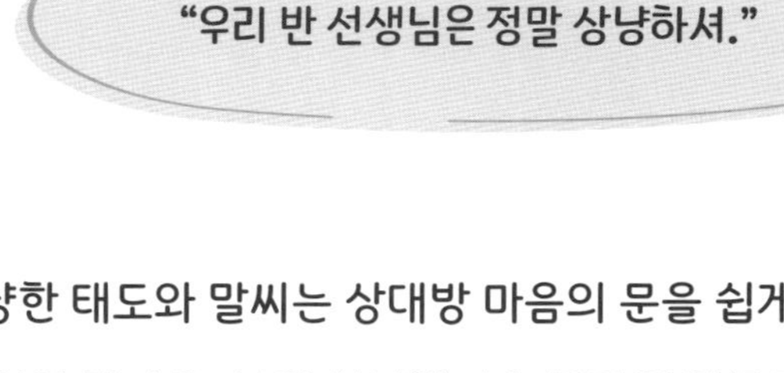

상냥한 태도와 말씨는 상대방 마음의 문을 쉽게 열 수 있는 열쇠와 같아요. 나의 상냥함이 누군가의 하루를 행복하게 만들어 줄 수 있다는 사실을 잊지 말아요.

생각해 봐요! 상냥한 자세와 말을 거울을 보며 연습해 보세요.

정답 : 부드

상냥함

"모르는 것을 물어보는 친구에게 어떻게 알려 줘야 하나요?

친구는 모르지만 내가 안다고 해서 자랑하지 말고 겸손한 자세로 친구에게 알려 줘야 합니다. 이왕이면 자세하고 친절하게 알려 주는 것, 그것이 바로 상냥한 태도랍니다.

함께해 봐요!

예절 ① 친구에게 모르는 것을 알려 주는 것이 내가 친구를 통해 배울 수 있는 기회예요.

예절 ② 친구의 눈높이에서 자세히 알려 주고, 잘 이해가 되었는지 확인해요.

예절 ③ "나도 처음에는 잘 못했어.", "너도 할 수 있어."라고 친구를 응원해요.

예절 ④ 도움이 필요할 친구에게 먼저 다가가서 "내가 도와줄까?"라고 다정하게 물어봐요.

관련 인성은?

겸 (ㅅ)

친 (ㅈ)

격 (ㄹ)

배 (ㄹ)

정답 : 겸손, 친절, 격려, 배려

상 쾌 함

느낌이 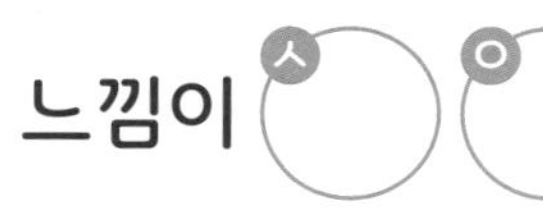 하고 산뜻함

"산 정상까지 오르고 나니 마음이 상쾌해."

더러움을 씻어 내 깨끗해졌을 때 상쾌함을 느껴요.
또 어려운 일에 많은 노력을 기울인 후, 그 일 끝났을 때
후련한 마음이 들어 상쾌함을 느끼기도 해요.

생각해 봐요! 땀을 흠뻑 흘린 후 샤워를 끝냈을 때 기분이 어땠나요?

정답 : 시원

상쾌함 "씻는 것이 귀찮아요."

하루 종일 내 몸에 쌓인 더러움을 씻는 것은 중요합니다. 청결은 곧 건강을 지키는 일이기도 해요. 막상 씻고 나면 상쾌함 덕분에 기분도 한결 더 좋아져요.

함께해 봐요!

관련 인성은?

예절 ① 도움 없이 스스로 자신의 몸을 깨끗하게 씻어 보세요. 상쾌함은 물론이고 뿌듯함도 생겨요.

예절 ② 깨끗한 모습으로 상쾌한 하루를 시작하면 뭘 해도 잘할 수 있다는 마음이 생겨요.

예절 ③ 몸을 상쾌하게 구석구석 잘 씻으면 몸을 깨끗하고 건강하게 잘 유지할 수 있어요.

예절 ④ 매일 씻는 것이 습관이 되어 상쾌함을 느끼는 것이 익숙해졌다면, 씻지 않는 것은 더 이상 상상할 수 없을 거예요.

독 (ㄹ)

자 (ㅅ) 감

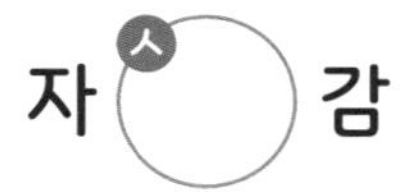
청 (ㄱ)

허 (ㅈ) 함

정답 : 독립, 자신감, 청결, 허전함

스승의 날

선생님을 공경하고  ㄱ  ㅅ 함을 전하는 날

스승의 날은 나에게 가르침을 주시는 선생님께 감사한 마음을 전하는 날이에요. 지식뿐만 아니라 건강한 몸과 마음을 만들 수 있게 도와주시는 선생님께 평소 예의 바르고 공손한 태도로 대하길 바라요.

생각해 봐요! 가장 좋아하는 선생님은 누구이며, 그 이유는 무엇인가요?

정답 : 감사

은혜 "선생님은 어떤 마음으로 우리를 가르치고 계신가요?"

선생님 모두가 같은 마음이에요. 여러분이 바르고 건강하게 자라길 바라는 마음으로 열심히 지도해 주고 계세요. 훗날 어른이 되어 사회에서 떳떳하게 자기의 생각을 자신감 있게 표현하며 행복하게 살길 바라는 마음으로 여러분과 함께하고 있답니다. 그런 어른이 되기 위해서는 바르게 앉고, 바르게 쓰고, 바르게 생각하고, 바르게 말하는 방법 등을 열심히 배워야 해요.

함께해 봐요!

관련 인성은?

예절 ① 선생님의 마음을 이해하고 감사함을 표현한다면 선생님은 무척 기쁠 거예요.

예절 ② "선생님의 말씀을 새겨들어야지." 선생님을 존중하는 마음으로 선생님의 말씀을 열심히 들어요.

예절 ③ 선생님마다 좋은 점이 다를 수 있어요. 선생님에게 조용히 다가가 좋은 점을 말씀드려요.

예절 ④ 선생님은 우리를 위해 항상 ○○해 주세요. 조금 실수해도 친절하게 대해 주는 선생님이 참 좋아요.

보 ㄹ ( )

경 ㅊ ( )

칭 ㅊ ( )

배 ㄹ ( )

정답 : 보람, 경청, 칭찬, 배려

생명 존중

살아 있는 모든 것을   하게 여김

"주인 잃은 강아지들이 너무 가여워요."

살아 있는 모든 것은 생명을 가지고 있어요.

크고 작거나 강하고 약한 것에 따라 생명의 가치가 다르지 않아요.

생명을 가진 것은 모두 소중하기에 존중해야 해요.

생각해 봐요! 주변에서 찾아볼 수 있는 작은 생명에는 어떤 것들이 있을까요?

정답 : 귀중

생명 존중 "꽃을 꺾어도 될까?"

움직이는 동물, 말하는 사람만 생명을 가진 것이 아니에요. 꽃도 생명을 가졌지요. 생명은 크기나 강함에 따라 가치가 달라지지 않아요. 모든 생명은 가치가 있고 그 존재로 귀중하지요. 꽃을 보면 꺾지 말고 눈으로만 바라보며 감상하도록 해요.

함께해 봐요!

예절 ① 동물을 함부로 대하거나 꽃과 나무를 꺾으면 동식물들도 우리처럼 똑같이 아프고 속상할 거예요.

예절 ② 작고 힘없는 생명도 소중히 대하고 보호해야 해요.

예절 ③ 모든 생명은 있는 그대로의 모습을 유지할 때 가장 자연스럽고 예뻐요.

예절 ④ 생명을 존중하고 보호하는 것은 곧 자연을 아끼고 보호하는 것과 같아요.

관련 인성은?

정답 : 공감, 보살핌, 아름다움, 자연 보호

설렘

마음이 들떠서 ㄷ◯ ㄱ◯ 거림

"좋아하는 친구 앞에서는 평소보다
더 가슴이 콩닥콩닥 뛰는 것 같아."

학교에 처음 입학했을 때 기분이 어땠나요?
새로운 곳에서 새로운 친구들을 만날 생각에 마음이 들뜨고
두근두근거렸지요? 이런 기분을 '설레다'라고 해요.

생각해 봐요! 설렘을 느꼈던 경험이 있나요? 언제 그런 마음을 느꼈는지 떠올려 보세요.

정답 : 두근

설렘

"새 학년으로 올라가는데 잘할 수 있을지 걱정돼요."

새 학년이 되면 누구나 설레는 마음으로 시작하지요. 설레는 마음은 앞으로 펼쳐질 새로운 상황이 기대되는 마음이기도 하고, 뭐든지 잘 해내고 싶은 마음이기도 해요. 어떤 마음이어도 좋아요. 자신감을 가진다면 걱정과 달리 새 학년을 멋지게 잘 보낼 수 있을 거예요.

함께해 봐요!

관련 인성은?

예절 ① 새 학년이 된 첫날, 어떤 선생님과 친구들을 만나게 될지 궁금해요. — 기 (ㄷ)

예절 ② 새로 만나게 된 반 친구들 앞에서 자기소개를 할 때는 무척 떨려요. — 긴 (ㅈ)

예절 ③ 내가 올해 꼭 이루고 싶은 목표를 달성하기 위해 설레는 마음으로 자신감 있게 ○○해요. — 도 (ㅈ)

예절 ④ 사랑하는 사람을 만나게 되면 심장이 두근거리며 설레는 마음이 생겨요. — 사 (ㄹ)

정답 : 기대, 긴장, 도전, 사랑

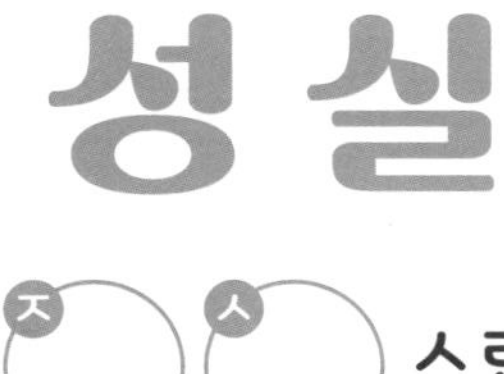

성실

무슨 일이든 (ㅈ)(ㅅ) 스럽고 참되게 함

"무슨 일이든 열심히 할 거야!"

손흥민 선수는 어렸을 적부터 성실했다고 합니다. 꾀를 부리지 않고 훈련에 빠짐없이 참여하였으며, 힘들어도 힘들다는 티 내지 않고 연습을 다 마쳤다고 합니다. 운동뿐 아니라 공부도 열심히 했다고 해요. 전 세계 많은 축구 팬을 거느리는 세계적인 선수가 될 수 있었던 것은 성실함을 바탕으로 한 훌륭한 인성을 갖추었기 때문입니다.

생각해 봐요! 학교생활을 성실하게 잘 하고 있는지 나의 생활을 되돌아보세요.

정답 : 정성

성실 "혼나지 않으니까 방학 숙제를 안 해도 될까요?"

더운 여름이나 추운 겨울에 학교 대신 가정에서 공부할 수 있도록 만든 것이 방학입니다. 방학은 학교에서 할 수 없는 것들을 경험하며 배우는 기간이에요. 혼나지 않아서가 아니라 나의 성장과 배움을 위해 방학 숙제는 꼭 하는 것이 바람직해요.

함께해 봐요!

관련 인성은?

예절 ① 방학 동안 일기 쓰기를 꾸준히 하겠다고 다짐했다면 미루지 않고 하려는 ○○이 필요해요.

노 ○ (ㄹ)

예절 ② 목표를 이루기 위해 성실하게 실천했다면 자기 자신에게 뿌듯함을 느낄 수 있어요.

보 ○ (ㄹ)

예절 ③ 스스로 계획을 세우고 계획에 맞게 실천하면 성실하게 무엇이든 해낼 수 있어요.

자 ○ (ㅇ)

예절 ④ 방학 숙제를 성실히 하는 것은 학생으로서 해야 할 ○○○을 다 하는 일이기도 해요.

책 ○ 감 (ㅇ)

정답 : 노력, 보람, 자율, 책임감

성취

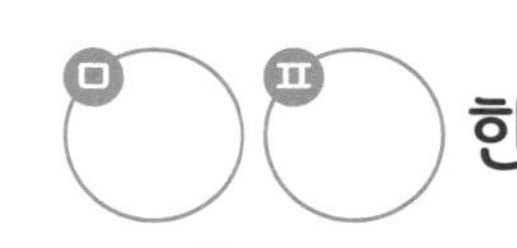

ㅁ ㅍ 한 바를 이루어 냄

"방학 동안 책 100권 읽기에 성공했어. 너무 뿌듯해."

성취감을 얻기 위해서는 열심히 노력해야 해요.
목표한 바를 이루고 나면 뿌듯함과 보람을 느낄 수 있지요.
이루고자 하는 것을 성취하여 몸과 마음이 성장하는
멋진 내가 되어 보세요.

생각해 봐요! 올해 성취하기 위해 세운 목표에는 무엇이 있나요?

정답 : 목표

성취 "산에 오르는 게 힘든데 왜 올라가는 거죠?"

산을 오르는 과정이 힘들다고 느낄 수 있지만, 등산 후에는 큰 성취감을 느낄 수 있어요. 그 경험으로부터 다른 어려운 일도 해낼 수 있다는 힘이 생기기도 하지요.

함께해 봐요!

관련 인성은?

예절 ① 도중에 포기하면 산에 오를 수 없어요. 끝까지 포기하지 않아야 정상에 다다를 수 있어요.

예절 ② 산에 오르는 일은 쉽지 않지만 멋진 일이에요. 그래서 많은 사람이 높은 산을 오르는 일에 OO한답니다.

예절 ③ 내가 원하는 목표를 멋지게 이루기 위해서는 OO의 노력을 기울여야 해요.

예절 ④ '이번엔 포기하지 않고 산 정상까지 오르는 데 성공해야지.'라는 마음을 갖고 등산을 해 봐요.

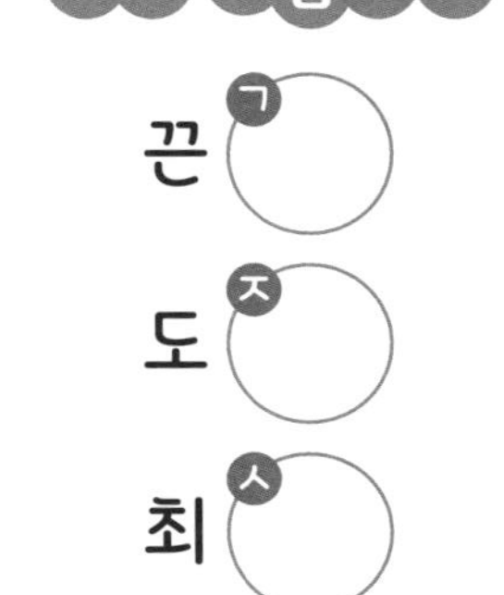

정답 : 끈기, 도전, 최선, 목적의식

소 신

굳게 믿거나 ㅅ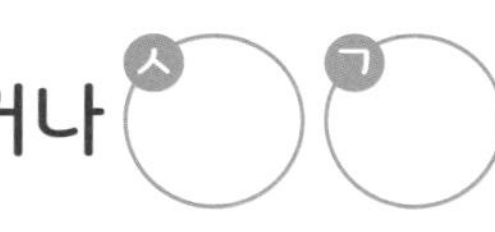 ㄱ 함

"친구들은 다들 친구 따라 찬성을 선택했지만,
나는 처음 생각했던 대로 반대를 선택했어."

유관순 누나는 일제의 위협에도 굴하지 않고
"대한 독립 만세!"를 외치는 소신을 보여 주었어요.
나라를 지키는 것이 곧 나와 우리 민족을 지키는 것이라 믿는
소신이 있었기에 가능한 행동이었지요.

생각해 봐요! 자신이 하고 싶은 것을 스스로 결정할 수 있나요?

정답 : 생각

소신 "친구들이 대부분 좋아하는 것을 꼭 따라 해야 할까요?"

저마다 좋아하는 것이 다를 수 있고, 있는 그대로 존중받을 가치가 있어요. 그러니 친구들이 좋아하는 것을 꼭 따라 하지 않아도 된답니다. 진실한 친구라면 나의 있는 그대로의 모습을 인정하고 좋아해 줄 거예요.

함께해 봐요!

관련 인성은?

예절 ① 소신을 가지기 위해서는 내가 어떤 것을 생각하고 믿는지 자신에 대해 잘 알아야 해요.

이 (ㅎ)

예절 ② 내가 생각하는 것이 옳다고 믿기 위해서는 스스로를 존중할 수 있어야 해요.

자 (ㅈ) 감

예절 ③ "할 수 있다!"라는 OOO을 가지고 내가 생각한 것을 말과 행동으로 실천해요.

자 (ㅅ) 감

예절 ④ 소신을 잃지 않고 일관성 있는 모습을 보여 주면 사람들에게 믿음을 얻을 수 있어요.

신 (ㄹ)

정답 : 이해, 자존감, 자신감, 신뢰

소통

이 서로 통하여 오해가 없음

"외국 말을 하지 못하니 소통이 전혀 되질 않아.
큰일 났네."

소통을 통해 우리는 많은 문제를 평화롭게 해결해 나갈 수 있답니다.
소통을 잘하기 위해서는 상대방의 말을 경청하는 자세가
무엇보다 중요합니다.

'소통은 갈등을 해소하고 협력을 이끌어 낸다.'
- 이순신 장군 -

생각해 봐요! 나와 소통을 가장 많이 하는 사람은 누구인가요?

정답 : 뜻

소통 "친구와 잘 지내고 싶은데 내 마음을 몰라주는 것 같아 속상해요."

친구와 잘 지내고 싶다면 먼저 친구의 마음을 살펴보는 것이 좋아요. 친구가 어떤 행동과 말을 해야 좋아하는지를 먼저 알고 행동하면 친구는 '내 마음을 잘 헤아려주는 친구구나.'라고 생각하게 될 거예요.

함께해 봐요!

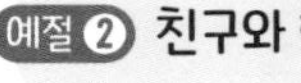

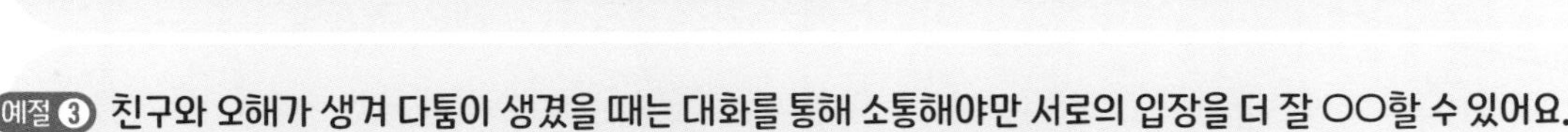

예절 ① 다른 사람과 소통을 잘하기 위해서 가장 중요한 것은 상대방의 이야기를 잘 들어 주는 거예요.

예절 ② 친구와 함께 놀이할 때에는 내 의견만 내세우지 말고 다른 친구의 의견을 듣고 ○○해야 해요.

예절 ③ 친구와 오해가 생겨 다툼이 생겼을 때는 대화를 통해 소통해야만 서로의 입장을 더 잘 ○○할 수 있어요.

예절 ④ 발표하는 친구의 말을 경청하고, 발표가 끝난 후에는 질문하거나 칭찬을 하는 등 서로에게 ○○를 지키며 소통하는 것이 중요해요.

관련 인성은?

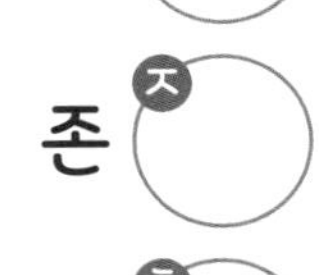

경 ㅊ
존 ㅈ
이 ㅎ
예 ㅇ

정답 : 경청, 존중, 이해, 예의

매우 가치가 높고 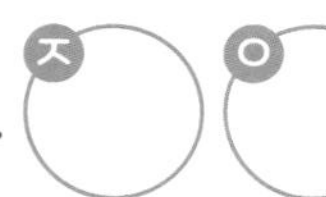 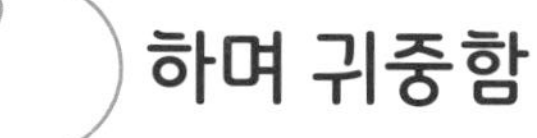 하며 귀중함

“나에게는 가족이 가장 소중해.”

소중한 존재는 값비싼 물건이 아니라
여러분과 함께 살아가고 있는 가족일 것입니다.
여러분에게 가장 소중한 존재인 가족을
항상 사랑하며 감사해 하세요.

생각해 봐요! 가족에게 감사함을 전하는 방법에는 무엇이 있을까요?

정답 : 중요

소중함 "나에게 가장 소중한 물건은 무엇인가요?"

값이 비쌀수록 소중한 물건이라고 생각할 수 있습니다. 하지만 자신의 추억과 사랑이 담긴 물건이라면 값으로 매길 수 없는 의미 있는 것입니다. 추억과 사랑은 돈으로 따질 수 없는 큰 의미가 있습니다. 가족사진, 어릴 적 가지고 놀았던 장난감, 오랜 기간 쓴 일기장, 친구에게 받은 편지 등 오래된 물건이라도 여러분에게 소중한 존재일 수 있습니다.

함께해 봐요!

예절 ① 내가 사랑하는 소중한 물건을 아끼며 잘 관리해요.

예절 ② "내가 소중하게 생각하는 강아지가 며칠째 아파서 걱정돼."

예절 ③ '당신은 나에게 소중한 존재입니다.' 평소에도 자신의 마음을 잘 표현해요.

예절 ④ "내가 그동안 소중하게 아끼던 오래된 장난감을 잃어버렸어."

관련 인성은?

정답 : 보살핌, 안쓰러움, 사랑, 속상

속상

마음이 ㅂ◯ ㅍ◯ 하고 우울함

"겨우 숙제를 다 했는데 어린 동생이 그 위에 낙서를 해버렸어.
너무 속상해."

누구나 속상함을 느낄 때가 있습니다.

속상한 마음이 들면 우선 자신의 감정을 인정하고 받아들이는 것이 중요합니다. 그 후에는 원인을 해결하기 위해 어떤 도움이 필요할지 고민해 보고, 마음이 편안해질 수 있도록 자신을 위로해 주세요.

생각해 봐요! 속상한 마음을 달래기 위한 나만의 방법이 있다면 무엇인가요?

정답 : 불편

속상 "고민을 털어놓고 싶은데 말할 데가 없어 속상해요."

내 고민을 편견 없이 들어 주실 수 있는 부모님이나 선생님께 털어놓는 것이 어떨까요? 부모님이나 선생님께서는 잘 들어 주시는 것뿐 아니라 필요하다면 지혜로운 해결책도 알려 주실 거예요.

함께해 봐요!

예절 ① 고민 때문에 속상해 하는 친구가 있으면 친구의 고민을 잘 들어요. 잘 들어 주는 것만으로도 친구에게는 큰 힘이 될 거예요.

예절 ② 속상한 마음을 감추고 있지 말고 ○○를 내어 솔직하게 말하고 도움을 청해요.

예절 ③ 속상한 마음이 생기면 따뜻하고 자상하게 자신의 마음을 토닥토닥 다독여요.

예절 ④ "네 마음을 이해해.", "힘내.", "널 응원해."라는 말은 상대방에게 큰 ○○가 돼요.

경 (ㅊ)

용 (ㄱ)

다 (ㅈ) 함

위 (ㄹ)

정답 : 경청, 용기, 다정함, 위로

솔선수범

남보다 앞장서서 행동하기에 다른 사람의 (ㅂ)(ㅂ)(ㄱ) 가 됨

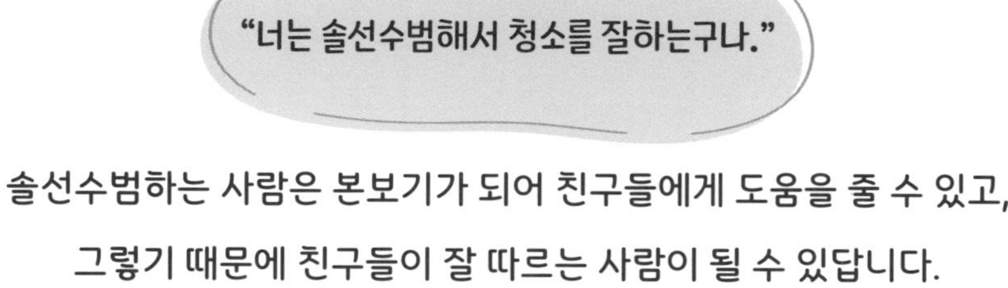

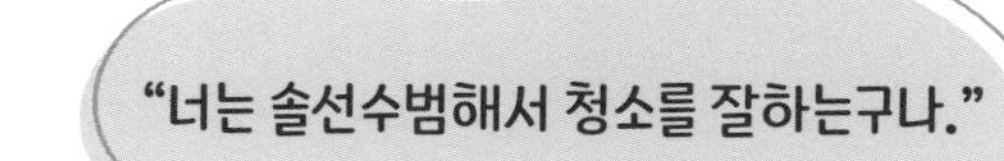

"너는 솔선수범해서 청소를 잘하는구나."

솔선수범하는 사람은 본보기가 되어 친구들에게 도움을 줄 수 있고,
그렇기 때문에 친구들이 잘 따르는 사람이 될 수 있답니다.
솔선수범의 태도를 가지고 행동하는 멋진 사람이 됩시다.

'솔선수범은 어려운 상황에서도 두려움 없이 앞장서는 것이다.'
– 알버트 아인슈타인(과학자) –

생각해 봐요! 솔선수범하여 내가 할 수 있는 바람직한 행동에는 무엇이 있을까요?

정답 : 본보기

솔선수범 "반장이 되고 싶다면?"

평소 학교생활에서 솔선수범하여 모범이 될 만한 태도와 언행을 하고 있는 학생이라면 누구나 반장이 될 자격이 있어요. 반장이 되었을 때 반을 위해 어떤 역할을 잘 할 수 있을지 고민하는 자세를 가지고 있다면 더 멋진 반장이 될 수 있답니다.

함께해 봐요!

관련 인성은 ?

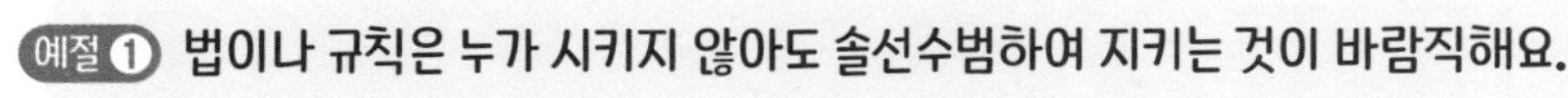

예절 ① 법이나 규칙은 누가 시키지 않아도 솔선수범하여 지키는 것이 바람직해요.

예절 ② 반장이 되었다고 으스대지 말고 친구들에게 모범이 되는 모습을 보여 줘요.

예절 ③ 반장이 되면 학급의 긍정적인 분위기를 만들기 위해 친구들을 잘 이끌 수 있어야 해요.

예절 ④ 솔선수범하는 학생이라면 반장이 되어서도 역할을 잘 해내리라 친구들이 믿어 줘요.

준 (ㅅ)

겸 (ㅅ)

리 (ㄷ) 십

믿 (ㅇ) 직함

정답 : 준수, 겸손, 리더십, 믿음직함

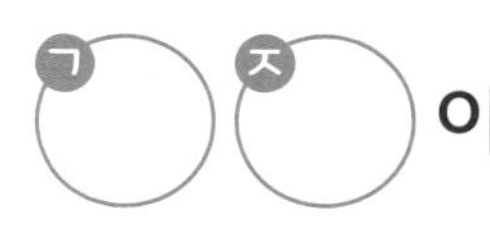

이나 숨김이 없이 올바름

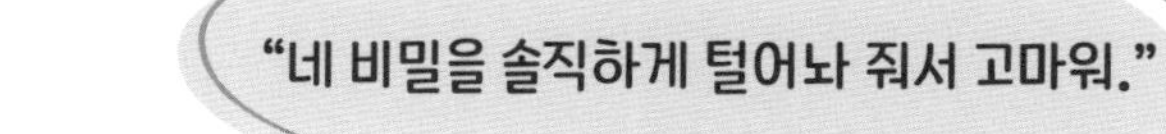

상대방에게 솔직함이라며 내뱉은 말이 때로는 예쁜 포장지에 숨겨진 무례함일 수 있습니다. 진정한 솔직함이란 고백이나 자기 잘못을 인정하는 것처럼 자신의 속마음을 따뜻하게 드러내는 것이랍니다.

'예의가 없는 솔직함은 폭력이다.'

- 논어(동양 고전) -

생각해 봐요! 솔직하게 말하면 어떤 점이 좋은지 생각해 보세요.

정답 : 거짓

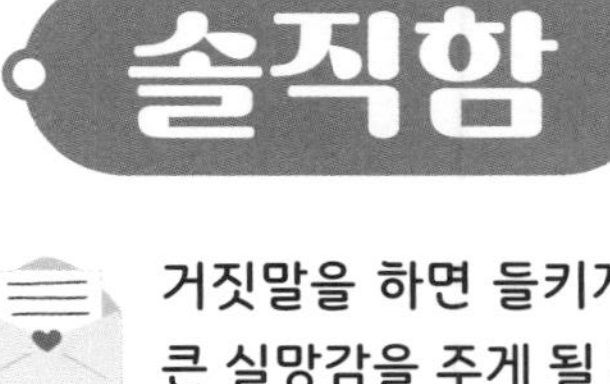

솔직함 "자꾸 거짓말을 한다면?"

거짓말을 하면 들키게 될까 봐 마음이 불편해지지 않나요? 사소한 거짓말일지라도 언젠가는 들키기 마련이고, 상대방에게 큰 실망감을 주게 될 거예요. 상대방과의 신뢰를 이어 나가고 싶다면 이제부터라도 솔직하게 말해 보세요.

함께해 봐요!

관련 인성은?

예절 ① 거짓말은 자기 마음을 속이는 일이에요. 올바른 거짓말은 없답니다. — 정 (ㅈ)

예절 ② 솔직하고 진실하게 자신의 생각을 전달한다면 상대방은 믿어 줄 거예요. — 신 (ㄹ)

예절 ③ 친구와 다투었을 때 나의 속상한 마음을 솔직하게 말하면서 사과하면 서로의 마음을 잘 이해할 수 있기 때문에 다툼을 잘 해결할 수 있어요. — 진 (ㅅ)

예절 ④ 모든 상황에서 솔직하다고 해서 좋은 것만은 아닙니다. 솔직한 것도 좋지만 ○○하게 말해야 해요. — 신 (ㅈ)

정답 : 정직, 신뢰, 진심, 신중

현충일

나라를 지키기 위해 목숨을 바치고 나라를 위해 (ㅎ)(ㅅ) 한 모든 분들의 충성을 기념하고 감사함을 전하는 날

※ 충성: 진정에서 우러나오는 정성으로 특히 임금이나 국가에 대한 것을 이름

개인의 욕심을 모두 내려놓고 나라를 위해 희생할 수 있는 용기는 정말 대단한 것입니다. 나라를 위해 목숨을 바친 분들의 마음을 이해하고 감사한 마음을 표현해 보는 현충일이 되었으면 좋겠어요.

생각해 봐요! 현충일에 내가 할 수 있는 일에는 무엇이 있을까요?

정답 : 희생

나라 사랑 "현충일은 그냥 쉬는 날인가요?"

현충일을 그저 쉬는 날로만 생각하지 말고, 어떤 의미가 있고 내가 할 수 있는 행동에는 무엇이 있을지 생각해 봤으면 좋겠어요. 나라를 위해 싸우다 돌아가신 분들을 위해 오전 10시에 전국적으로 1분간 묵념이 진행되니 참여해 보세요. 또한, 태극기를 게양하고, 관련 책이나 영화를 보며 국가를 희생한 분들의 이야기를 되새겨 보세요.

함께해 봐요!

관련 인성은 ?

예절 ① 자신의 역할에 최선을 다한 군인이 있었기에 우리나라를 지킬 수 있었어요.

충 ㅅ

예절 ② 나라를 위해 싸운다는 것이 무서울 수 있지만, 가족과 동료를 위해 전쟁에서 이기겠다는 생각으로 싸웠어요.

투 ㅈ

예절 ③ 총알과 폭탄이 날아들어도 나라의 OO를 위해 목숨을 걸고 전쟁에 참여했어요.

명 ㅇ

예절 ④ "정말 무서웠을텐데···." 현충일 관련 영화를 보며 정말 OO했어요.

감 ㄷ

정답 : 충실, 투지, 명예, 감동

바르게 ㅍ◯ ㄷ◯ 하고 문제를 잘 해결함

"아기 돼지 삼형제 중 셋째 돼지는 다른 돼지들과 달리 슬기로운 방법으로 집을 지었어요."

올바르게 판단하고 해결하는 능력을 갖춘 사람을 슬기롭다고 해요. 슬기로운 사람이 되기 위해 학교에서 다양한 과목을 배우고 책을 가까이하는 등 여러 가지 경험을 직, 간접적으로 하는 것이랍니다.

생각해 봐요! 슬기롭게 문제를 해결한 경험이 있다면 무엇인가요?

정답 : 판단

슬기로움 "친구와 다투었는데 어떻게 해결하면 좋을까요?"

다툼이 오래가면 오해가 더 쌓이게 되고 화해하기까지 더 오랜 시간이 걸릴 수 있어요. 빨리 해결하고 싶다면 용기를 내서 먼저 화해의 손길을 내밀어 보세요. 내가 잘못한 점을 먼저 인정하고 사과를 건넨다면 친구도 용기를 낼 수 있을 거예요.

함께해 봐요!

관련 인성은?

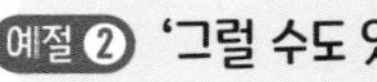
예절 ① 친구의 입장을 생각해서 친구의 마음을 헤아려요. — 공(ㄱ)

예절 ② '그럴 수도 있지.', '너그럽게 이해하자.' 하는 마음이 있으면 다툼을 줄일 수 있어요. — 관(ㅇ)

예절 ③ 친구와 싸운 후 잘 화해하고 싶다면 친구가 사과하기를 기다리지 말고 내가 먼저 다가가 사과하는 OO가 필요해요. — 용(ㄱ)

예절 ④ 친구의 실수나 잘못을 지적하기보다 평소에 친구의 잘한 점을 발견하여 말하는 습관을 가져 보세요. 그러면 다툼이 생기지 않아요. — 칭(ㅊ)

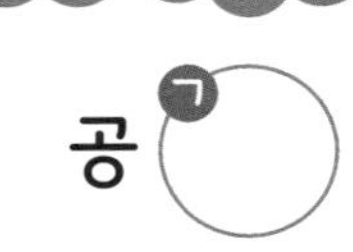

정답 : 공감, 관용, 용기, 칭찬

"우리 집 반려견인 뽀미가 늙어서 그만 무지개 다리를 건너게 되었어. 너무나 슬퍼."

슬픔을 느끼는 것은 자연스러운 일이에요. 그래도 우리는 슬픔을 이겨 내야 해요. 먼저 슬픔을 이해하고 받아들여요. 그리고 슬픔을 함께 나누어 보세요. 시간이 지나면서 점차 슬픔이 치유되고 새로운 희망을 찾을 수 있을 거예요. 슬픔을 극복하면 더 강해진 나를 발견할 수 있답니다.

생각해 봐요! 슬픔을 이겨 내는 나만의 방법이 있나요?

정답 : 아파

슬픔 "친구가 멀리 전학을 가게 되어 너무 슬퍼요."

전학을 가는 친구와의 이별 때문에 마음이 아프겠네요. 하지만 친구와 계속 연락하고 친하게 지낼 방법은 많이 있으니 너무 슬퍼하지 않아도 괜찮아요. 편지를 주고받거나 연락처를 받아 전화할 수도 있어요. 좋은 우정은 거리를 따지지 않아요.

함께해 봐요!

관련 인성은?

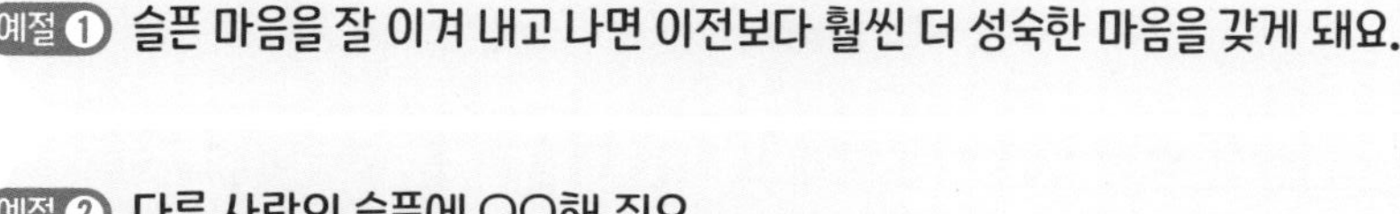

예절 ① 슬픈 마음을 잘 이겨 내고 나면 이전보다 훨씬 더 성숙한 마음을 갖게 돼요.

예절 ② 다른 사람의 슬픔에 ○○해 줘요.

예절 ③ 슬퍼하는 사람을 모른 체하지 않고 ○○을 가져야 해요.

예절 ④ 슬퍼하는 친구를 발견했다면 "친구야, 힘내! 내가 힘이 되어 줄게."라고 말해 줘요.

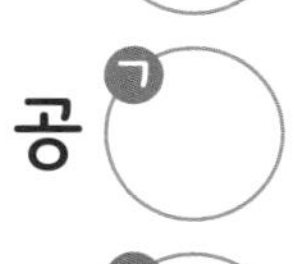

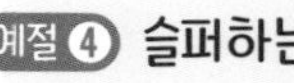

ㅂ 극 ○

ㄱ 공 ○

ㅅ 관 ○

ㄹ 위 ○

정답 : 극복, 공감, 관심, 위로

시원섭섭함

한편으로는 답답한 마음이 풀려 흐뭇하고 가뿐하나 다른 한편으로는 (ㅅ)(ㅇ) 함

"초등학교를 졸업해서 떠나려니까 마음이 시원섭섭하군."

시원섭섭함은 후련하여 시원하게 느끼는 마음과 동시에 아쉬움에 섭섭한 마음이 공존하는 것이지요. 시원섭섭한 마음이 생긴다는 건 그만큼 무언가에 애정을 담아 최선을 다해 노력했다는 뜻이기도 해요.

생각해 봐요! 정든 유치원, 초등학교를 떠나면서 남아 있는 후배들에게 해 주고 싶은 말은 무엇인가요?

정답 : 시원

시원섭섭함

"학예 발표회가 끝나고 나니 마음이 시원섭섭해요."

학예 발표회를 준비하고 발표하기까지 많은 시간과 노력을 들여 연습했기 때문에 다 끝나고 나면 후련함과 동시에 아쉬운 마음이 드는 거랍니다. 그러니 발표회가 있을 때는 누구보다 열심히 연습하고 무대에서 자신 있게 발표하도록 합시다. 그래야 아쉬운 마음은 적고 시원한 마음이 클 테니까요.

함께해 봐요!

관련 인성은?

예절 ① "무대에서 실수는 조금 있었지만 끝까지 마친 것만으로도 대단하고 멋진 거야."

만 (ㅈ)

예절 ② 시원섭섭한 마음은 내가 그만큼 애쓰고 열심히 했기에 아쉬움이 커서 느끼는 것이에요.

노 (ㄹ)

예절 ③ 나 자신에게 "잘했어. 그만하면 내가 할 수 있는 만큼 최선을 다한 거야."라고 말해 줘요.

인 (ㅈ)

예절 ④ 시원섭섭한 마음 중에 섭섭한 마음이 더 크게 느껴진다면 다시 한번 시도해요.

도 (ㅈ)

정답 : 만족, 노력, 인정, 도전

세계 헌혈자의 날

헌혈의 중요성을 알리고 헌혈에 참가하는 사람들에게 감사와 (ㅈ)(ㄱ)의 뜻을 표현하는 날

헌혈은 생명을 구하는 가장 소중한 기부입니다.
자신의 피를 나눠 준다는 것은 쉬운 일이 아니에요.
내가 도움을 줘야 언제든 나도 도움을 받을 수 있어요.
그래서 사람은 서로 돕고 돕는 거예요.

생각해 봐요! 나중에 커서 헌혈을 해 보고 싶나요? 해 보고 싶다면 그 이유는 무엇인가요?

정답 : 존경

관심 "헌혈은 왜 해야 할까요?"

헌혈하는 이유는 바로 생명을 구하기 위함입니다. 응급 수술, 사고, 출산, 혈액 질환 등 다양한 상황에서 환자에게 피가 필요합니다. 이런 환자에게 피를 제때 공급해 주지 못한다면 생명이 위태로울 수 있어요. 그래서 혈액이 부족하지 않도록 헌혈에 관심을 가지고 꾸준히 참여해야 해요.

함께해 봐요!

관련 인성은?

예절 ① 내가 가진 것을 다른 사람에게 주기 위해서는 OO가 필요해요.

예절 ② 나중에 헌혈할 수 있는 사람이 되기 위해서는 내 몸을 OO하게 관리해야 해요.

예절 ③ 자신이 뭔가 많이 가지고 있어야만 다른 사람에게 무엇인가를 줄 수 있는 것이 아니에요. 작은 것도 OO가 가능해요.

예절 ④ 주변의 힘든 친구에게 관심을 가지고 따뜻한 위로의 한마디를 전해 봐요.

정답 : 용기, 건강, 기부, 보살핌

신뢰

굳게 믿고   함

"나는 너를 신뢰하고 있어.
왜냐하면 넌 나에게 가장 소중하고 가까운 친구니까."

신뢰를 쌓는 것도 중요하지만,

쌓은 신뢰를 유지하는 것이 더 중요하답니다.

'신뢰는 긴 시간이 필요하지만 한순간에 파괴될 수 있습니다.'

– 워렌 버핏(투자가) –

생각해 봐요! 가장 신뢰하는 사람은 누구인가요?

정답 : 의지

신뢰 "혼날까 봐 자꾸 거짓말을 하게 돼요."

혼나는 것은 순간이지만, 거짓말 때문에 상대방의 신뢰를 잃어버리게 된다면 다시 원래의 믿음을 회복하기가 어려워 더 큰 화를 불러올 수 있어요. 거짓말은 하지 않는 것이 좋습니다. 대신 잘못을 인정하고 앞으로 더 나아진 모습을 보여 준다면 상대방에게 훨씬 더 신뢰감을 줄 수 있을 거예요.

함께해 봐요!

예절 ① 올바른 기준으로 정의롭게 판단하는 사람은 누구에게나 신뢰를 받을 수 있어요.

예절 ② 신뢰는 금방 쌓을 수 없어요. 오랫동안 서서히 쌓아야 해요.

예절 ③ 신뢰를 쌓은 사람에게는 어떤 일을 맡겨도 잘 해낼 거라는 믿음이 생겨요.

예절 ④ 신뢰 있는 사람은 약속을 잘 지키며, 자신이 해야 할 일을 미루지 않고 끝까지 맡은 바에 최선을 다해요.

관련 인성은 ?

공 (ㅈ)

꾸 (ㅈ) 함

믿 (ㅇ) (ㅈ) 함

책 (ㅇ) (ㄱ)

정답 : 공정, 꾸준함, 믿음직함, 책임감

신 중

매우 (ㅈ)(ㅅ) 스러움

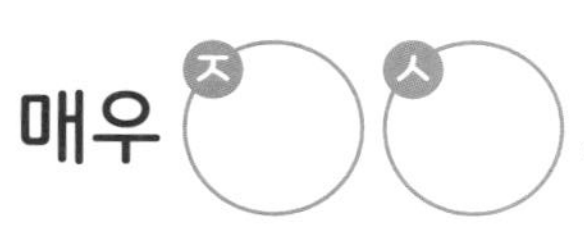

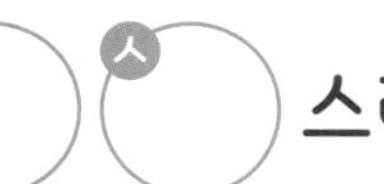
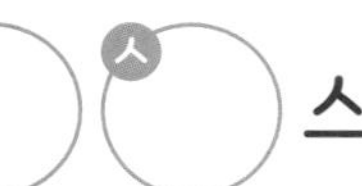

"돌다리도 두들겨 보고 건너라는 말이 있듯이
안전한지 한 번 더 확인해야지."

용기 있는 사람은 섣불리 판단하지 않아요.

너무 신중해서 타이밍을 놓친다면 그 순간을 놓친 것일 뿐,

신중함은 여전히 힘을 발휘한답니다.

'용기의 핵심 부분은 신중함이다.'

- 윌리엄 셰익스피어(작가) -

생각해 봐요! 가장 신중해지는 때는 언제인가요?

정답 : 조심

신중 "용돈이 생기면 너무 빨리 다 써 버리게 돼요."

용돈을 관리하는 것은 중요한 습관입니다. 용돈을 받았을 때 미리 어떻게 사용할지 사용 전에 계획을 세우는 것이 현명한 소비에 도움이 됩니다. 그리고 목표를 잘 활용하면 돈을 아껴서 모으는 재미를 느낄 수 있답니다.

함께해 봐요!

관련 인성은?

예절 ① 용돈을 신중하게 쓰는 습관을 기르면 돈을 아껴 쓸 수 있어요.

예절 ② 학교에서 중요한 시험이나 숙제가 있을 때 맡은 바를 잘 해내기 위해 허둥지둥하지 않고 미리 계획을 세워 차근차근 준비해요.

예절 ③ 친구와 다투었을 때 감정적으로 반응하기보다는 친구와의 평화로운 갈등 해결을 위해 친구의 입장이나 마음을 신중하게 헤아리려고 노력해요.

예절 ④ 인터넷에 글을 올리거나 댓글을 달 때는 읽는 사람의 마음을 고려하였는지 신중하게 검토한 후에 올려야 해요.

절 ㅇ(　)

책 ㅇ(　) ㄱ(　)

배 ㄹ(　)

존 ㅈ(　)

정답 : 절약, 책임감, 배려, 존중

"이번에는 정말 열심히 했는데,
한자 시험에 또 불합격이라니….”

너무 쉽게 실망하지 않기로 해요.

우리에게는 가능성이 있어요.

포기하지 않고 계속 시도하다 보면 결국 웃게 되는 날이 있을 거예요.

생각해 봐요! 실망했을 때 어떤 말이 위로가 되나요?

정답 : 상심

실망 "아빠 일 때문에 가족 여행이 취소되서 너무 속상해요"

가족 여행이 취소되었지만, 부모님을 이해하고 가족과 함께 있는 시간을 소중히 즐기세요. 함께 있는 순간을 소중히 여기면서 더 많은 특별한 순간을 만들어 나가요. 함께 있을 때가 가장 소중하니까요.

함께해 봐요!

예절 ① "이번 여행은 취소되서 아쉽지만 함께 여행 갈 날이 많이 있으니 힘내자."

긍 (ㅈ)

예절 ② 실망한 사람들의 속상한 감정을 이해하고 함께 위로해요.

공 (ㄱ)

예절 ③ 실망한 후에 계속 슬퍼만 한다면 부정적인 감정에서 벗어날 수 없으니 새로운 계획을 다시 세워 ○○해요.

극 (ㅂ)

예절 ④ "다음 여행은 훨씬 더 재미있을 거야."라는 기대와 새로운 꿈을 가져요.

희 (ㅁ)

정답 : 긍정, 공감, 극복, 희망

실 천

생각한 바를 실제로 ㅎ( ) ㄷ( ) 으로 옮김

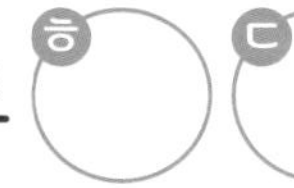

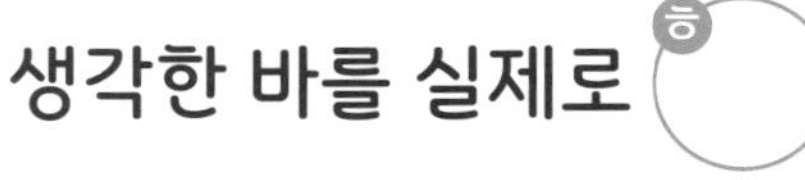

"여름 방학 계획을 알차게 세웠으니 멋지게 실천해야지!"

아무리 좋은 계획이나 생각이 있어도 실천하지 않으면 소용이 없어요.
작은 일부터 시작해서 꾸준히 행동으로 옮기는 게 중요해요.
실천을 통해 배움과 성장을 경험할 수 있으니,
두려워하지 말고 한 걸음씩 나아가 보세요.

'계획은 아무리 좋아도 행동으로 옮기지 않으면 아무 의미가 없다.'
- 나폴레옹(군인이자 황제) -

생각해 봐요! 사람들이 규칙을 배우기만 하고 실천하지 않으면 사회가 어떻게 될까요?

정답 : 행동

실천 "새 학년이 되어 계획을 멋지게 세웠는데 실천을 잘 못할까 봐 고민이에요."

자신을 믿고 작은 단계부터 시작해서 조금씩 실천해 보세요. 실패는 성공의 밑거름이 됩니다. 자신을 믿고 한 발 한 발 나아가다 보면 꼭 이룰 수 있을 거예요. 포기하지 말고 꾸준히 노력하세요. 응원합니다!

함께해 봐요!

관련 인성은?

예절 ① "체력을 기르기 위해 매일 운동하기로 계획을 세웠어요. 이제 꾸준히 실천할 거예요."

예절 ② "나눔을 실천하기 위해 나에게 필요 없는 물건을 나눔 장터에 내놓았어요."

예절 ③ "이번 방학 때 부모님과 함께 연탄 나르기 활동을 하며 소외된 이웃에 대한 사랑을 실천했어요."

예절 ④ 환경을 지키기 위해 해변 청소나 쓰레기 분리수거를 실천해요.

정답 : 목적의식, 기부, 봉사, 자연 보호

심술

바르지 않게 ㄱ( ) ㅈ( ) 을 부리거나 남을 괴롭힘

"형은 매일 나만 구박하고 심술쟁이 같아."

남을 괴롭히거나 남이 잘못되기를 바라면,
그 나쁜 마음이 결국 자신에게 안 좋은 결과로 되돌아오게
된다는 사실을 꼭 알아야 해요.

생각해 봐요! 내가 알고 있는 이야기 속 심술궂은 사람은 누구인가요?

정답 : 고집

6·25 전쟁일

1950년 6월 25일 새벽에 (ㅂ)(ㅎ) 공산군이 38선을 넘어 군사적 공격을 함으로써 한반도에서 전쟁이 일어난 날

6·25 전쟁일은 전쟁의 희생자들을 기리고 평화의 중요성을 되새기는 날입니다. 전쟁의 역사와 교훈을 공부해 보며 한반도의 평화와 안정을 바라는 시간을 가져 봅시다.

생각해 봐요! 6·25 전쟁과 관련된 책이나 영화로는 무엇이 있을까요?

정답 : 북한

평화 "우리나라는 왜 아직도 분단국가인가요?"

우리나라는 1945년 제2차 세계 대전이 끝난 후 북위 38도선을 기준으로 남북으로 분단되었습니다. 1950년 6월 25일 한국 전쟁이 일어난 이후 지금까지도 분단 상태가 지속되고 있어요. 정치적으로 서로 다른 이념을 가지고 갈등과 긴장 상태가 계속해서 유지되고 있는 것이지요. 분단을 해소하고 통일하여 한반도에 평화가 찾아오기 위해서는 많은 노력이 필요합니다.

함께해 봐요!

관련 인성은 ?

예절 ① 38선으로 갈라져서 서로 만나지 못하고 있는 이산가족의 아픔을 생각해 봐요.

공 ㄱ ◯

예절 ② 전쟁의 아픔을 되새기며 한반도의 ○○를 기원해요.

평 ㅎ ◯

예절 ③ 국립현충원을 방문하여 ○○된 군인과 민간인을 추모해요.

희 ㅅ ◯

예절 ④ 6·25 전쟁의 역사를 열심히 공부해서 어떤 의미가 있는 사건인지 ○○을 가지고 잘 알고 있어야 해요.

관 ㅅ ◯

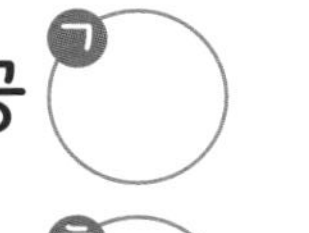
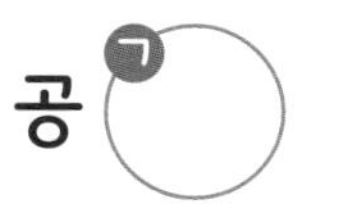
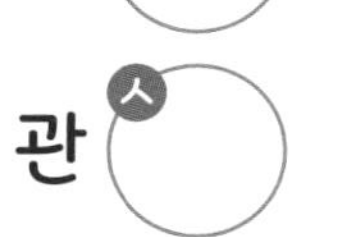
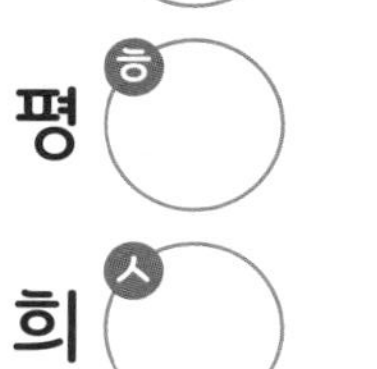

정답 : 공감, 평화, 희생, 관심

심술 "부모님이 동생 편만 드는 것 같아 동생이 미워요."

부모님께서는 나와 동생을 동등하게 대하는데 편애한다는 오해를 한 것일 수도 있어요. 만약에 부모님께서 동생 편만 드는 상황이라고 여겨진다면 솔직하게 열린 대화를 통해 상황을 설명하며 해결책을 찾아보는 것이 중요해요.

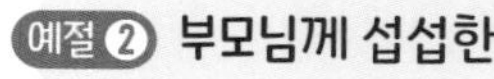

함께해 봐요!

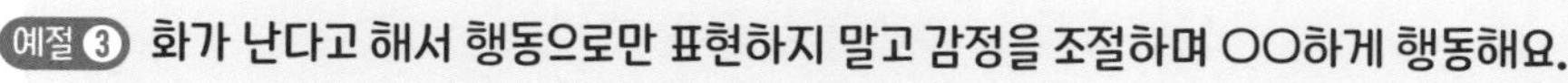

관련 인성은?

예절 ① 어린 동생과의 차이를 있는 그대로 받아들이는 이해심이 필요해요.

관 ㅇ

예절 ② 부모님께 섭섭한 점이 있다면 대화를 통해 해결해요.

소 ㅌ

예절 ③ 화가 난다고 해서 행동으로만 표현하지 말고 감정을 조절하며 OO하게 행동해요.

신 ㅈ

예절 ④ 자신의 심술을 잘 다스린다면 더 멋진 사람이 될 수 있어요.

발 ㅈ

정답 : 관용, 소통, 신중, 발전

심심함

하는 일이 없어 (ㅈ)(ㄹ) 하고 재미가 없음

심심함을 느낄 때 우리는 주변을 더욱더 세심하게 관찰하게 됩니다.
심심함은 새로운 것을 발견하게 해 놀라운 발명을 이끌어 낼 수 있어요.
심심함을 놀라움으로 바꿔 보세요.

생각해 봐요! 심심하면 주로 무엇을 하고 노나요?

정답 : 지루

심심함 "주말인데 어떻게 놀아야 할지 모르겠어요"

즐길 수 있는 다양한 활동을 시도해 보세요. 밖에서 놀면서 즐길 수 있는 야외 활동이나 새로운 취미, 스포츠를 시도하는 것도 좋은 방법입니다. 또는 가족과 함께 시간을 보내며 영화를 보거나 요리를 해 보는 것도 즐거운 방법입니다.

함께해 봐요!

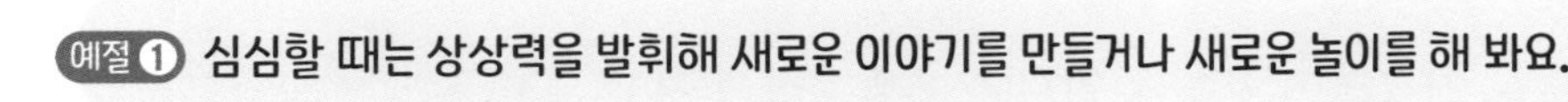

예절 ① 심심할 때는 상상력을 발휘해 새로운 이야기를 만들거나 새로운 놀이를 해 봐요.

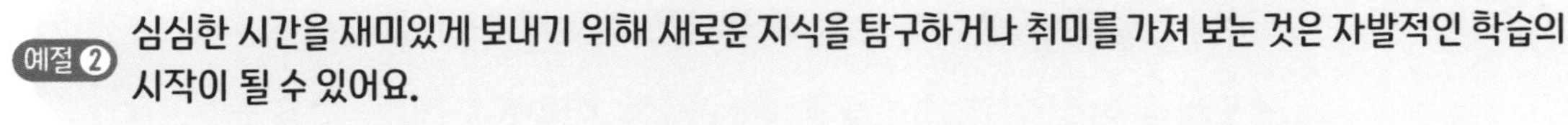

예절 ② 심심한 시간을 재미있게 보내기 위해 새로운 지식을 탐구하거나 취미를 가져 보는 것은 자발적인 학습의 시작이 될 수 있어요.

예절 ③ 심심할 때는 친구들과 즐거운 놀이를 공유하고 서로의 아이디어를 나누어 봐요.

예절 ④ 혼자보다는 함께 놀면 재미있고 신나는 놀이를 더 많이 찾을 수 있어요.

관련 인성은?

창  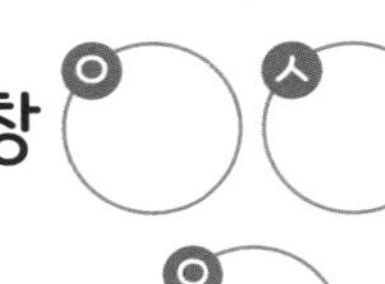
ㅇ ㅅ

자 
ㅇ

소 
ㅌ

협 
ㄹ

정답 : 창의성, 자율, 소통, 협력

아름다움

모습이나 하는 일, 마음씨 등이 예쁘고 (ㅎ)(ㄹ)함

"환한 미소 그 이상으로 너의 마음씨는 아름다워."

아름다움을 떠올리면 보통은 외모가 예쁘거나 멋진 것을 떠올리기 쉬워요.
그러나 진실한 아름다움은 사람의 내면에서 비롯된 것이 더 많아요.
자신에게 주어진 일에 최선을 다하는 사람, 어려운 사람을 도울 줄 아는
따뜻한 마음씨를 가진 사람이 이에 해당하지요.

생각해 봐요! 내가 생각하는 가장 아름다운 사람은 누구인가요?

정답 : 화려

아름다움 "외모가 별로인 것 같아 자신감이 없어요."

모든 사람은 저마다 독특하고 아름다운 모습을 갖고 있어요. 외모보다 중요한 것은 내면의 아름다움과 자신감입니다. 자신을 사랑하고 자신감을 갖는 것이 가장 중요해요. 자신을 소중히 여기고 자신감을 키우는 데 집중해 보세요.

함께해 봐요!

관련 인성은?

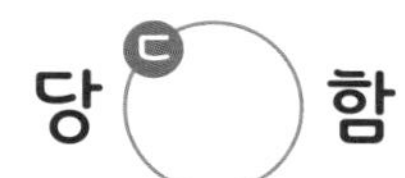

예절 ① 자신의 외모에서 단점보다는 장점을 찾으려고 노력해요.

예절 ② 부족해 보이는 부분 때문에 움츠러들지 말고 자신감을 가져요.
자신감이 나를 더 돋보이게 하고 아름다워 보일 거예요.

예절 ③ 아름다움의 기준은 정해져 있지 않아요. 기준을 바꾸어 보면 아름다워 보일 거예요.

예절 ④ 말투가 예쁘거나 잘 배려하는 등 다른 사람들에게 OO를 지키려 노력하는 사람은 참 아름다워요.

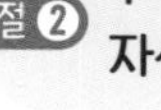

긍 ㅈ ○

당 ㄷ ○ 함

만 ㅈ ○

예 ㅇ ○

정답 : 긍정, 당당함, 만족, 예의

아 쉬 움

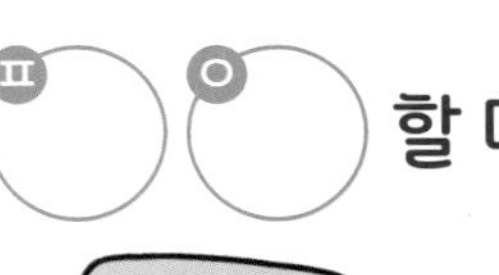

할 때 없거나 모자라서 안타까움

"경기 시간이 조금만 더 길었다면
내가 한 골 더 넣었을 텐데."

지나고 나서 돌아보면 '좀 더 잘 할걸!' 하는 아쉬움이 들기 마련입니다. 아쉬움을 남기지 않기 위해 지금은 물론이고 앞으로도 모든 일에 더 노력하는 것이 어떨까요?

생각해 봐요! 어제 하루 동안 가장 아쉬웠던 일은 무엇인가요?

정답 : 필요

아쉬움

“오랜만에 시골 할머니 댁에서 친척들과 만났는데 헤어지기 싫어요.”

가족 간의 만남은 늘 반갑고 좋아요. 자주 만나기 힘든 친척이라면 더더욱 헤어지기 아쉽지요. 하지만 아쉬움이 있기에 다시 만날 날을 기대할 수 있고, 다시 만났을 때 더 크게 반가움을 느끼는 것이랍니다.

함께해 봐요!

관련 인성은?

예절 ① 친구가 전학을 가면 더 이상 함께 지내며 ○○을 쌓을 수 없을 것 같아서 아쉬움이 커요.

예절 ② 내가 아쉬움을 느끼는 이유는 맡은 일을 더 잘하고 싶은 마음이 있기 때문이에요.

예절 ③ 게임에 져서 아쉽더라도 재미있게 게임을 했으니 그걸로 만족해요.

예절 ④ 아쉬움이 남는다면 계속 노력해서 이루도록 해 봐요.

우 (ㅈ)

열 (ㅈ)

긍 (ㅈ)

투 (ㅈ)

정답 : 우정, 열정, 긍정, 투지

안쓰러움

남의 딱한 상황에 마음이   고 가여움

"주인 잃은 강아지가 다리를 절뚝거리고 있다니,
마음이 너무 아파."

안쓰러운 마음을 느낄 수 있는 사람은 정이 많고 따뜻한 마음씨를 가졌다고 할 수 있어요. 다른 사람의 딱한 형편을 헤아릴 줄 알고 그 마음에 공감할 수 있는 사람이니까요.

생각해 봐요! 다리를 절뚝거리는 길 잃은 강아지에게 어떤 도움을 줄 수 있을까요?

정답 : 아파

안쓰러움

"오염된 바다에서 살아야 하는 바다 생물들이 안쓰러워요."

사람들이 함부로 버린 쓰레기의 오염 물질이 바닷속으로 흘러 들어가 바다가 오염되어 바다 생물들이 고통받고 있지요. 바다 생물들을 위해서라도 자연 보호에 관심 갖고 환경을 지킬 수 있는 방법을 찾아 실천해 보세요.

함께해 봐요!

관련 인성은?

예절 ① 깨끗한 환경에서 동식물이 살아갈 수 있도록 환경을 지키는 일에 앞장서요.

자 (ㅇ) (ㅂ) 호

예절 ② 친구가 힘들어하는 모습을 보았을 때 먼저 도움의 손길을 내미는 ○○ 있는 행동을 해요.

용 (ㄱ)

예절 ③ 친구의 안쓰러움을 보았다면 다정하게 ○○해요.

위 (ㄹ)

예절 ④ 안쓰럽다고만 생각하지 말고 내가 직접 할 수 있는 일들을 생각해 보고 도와줘요.

실 (ㅊ)

정답 : 자연 보호, 용기, 위로, 실천

안 전

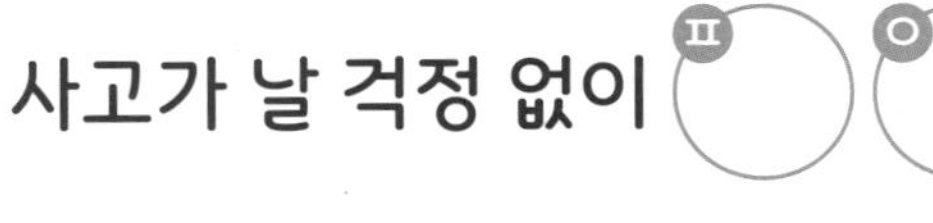

사고가 날 걱정 없이 (ㅍ)(ㅇ) 한 상태를 유지하는 것

"지진이 났을 때는 먼저 책상이나 식탁 아래로 들어가서 머리를 보호해요."

재난이나 사고는 갑작스럽게 찾아와요.

언제나 우리가 대처할 수 있도록 방법을 잘 익혀 놓아야 한답니다.

직접 해 보면서 익히면 더욱 잘 대처할 수 있겠죠?

생각해 봐요! 우리 집을 둘러보면서 지진이 났을 때 떨어질 수 있는 물건들을 치워 보세요.

정답 : 편안

안전

"나는 자전거 타다가 다친 적이 없어요. 그래도 보호 장비를 해야 할까요?"

자전거를 잘 타도 방심은 금물! 자신만만할 때 더 사고가 나기 마련이랍니다. 단 한 번의 사고도 없이 안전하게 자전거를 탈 수 있도록 항상 안전모와 무릎 보호대를 착용하세요.

함께해 봐요!

예절 ① "나는 안전모를 쓸 거야!" 친구들이 쓰기 싫다고 해도 나 먼저 착용해서 모범을 보여요.

예절 ② 단 한 번의 사고로도 큰 피해를 준답니다. 항상 안전하게 생활하도록 노력해요.

예절 ③ "미끄럼틀을 차례차례 타니까 다칠 걱정 없이 더 즐길 수 있어!" 안전이 보장될 때 더욱 재미있게 놀 수 있어요.

예절 ④ 안전을 지키는 것은 귀찮을 수도 있지만, 미래를 생각해 보면 지금의 안전을 위해 노력하는 것이 더 똑똑한 행동이랍니다.

관련 인성은?

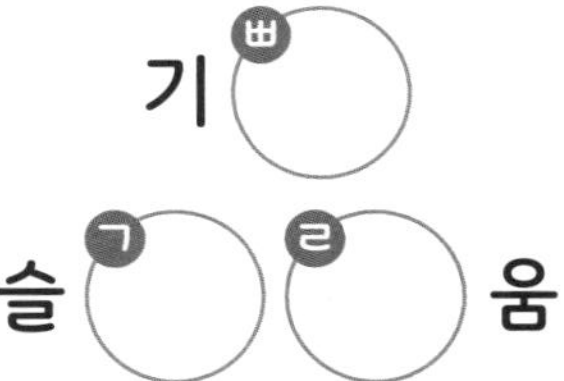

정답 : 솔선수범, 후회, 기쁨, 슬기로움

압 박 감

마음이 ㄱ(   ) 한 힘으로 눌리는 느낌

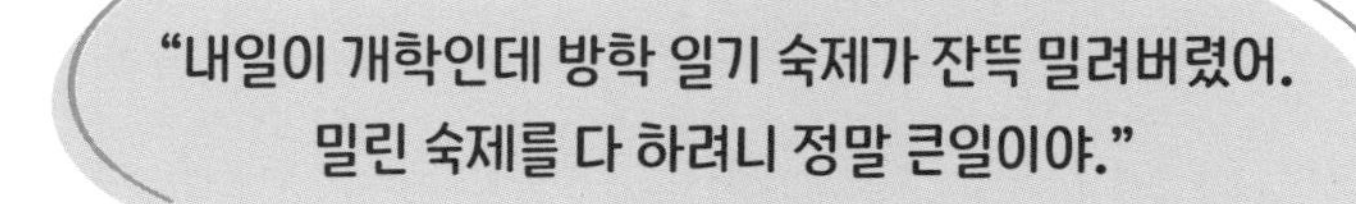

"내일이 개학인데 방학 일기 숙제가 잔뜩 밀려버렸어.
밀린 숙제를 다 하려니 정말 큰일이야."

해야 할 일이 너무 많이 쌓여 있거나 시간에 쫓길 때 압박감을 느끼지요. 당연히 해낼 수 있는 쉬운 일도 압박감을 느끼면 실수하거나 일을 그르치기도 한답니다. 마음의 여유를 위해서라도 할 일을 미루지 않고 제때 하는 습관을 기르는 것이 좋아요.

생각해 봐요! 오늘 해야 할 일은 무엇인지 순서대로 떠올려 보고, 할 일을 미루지 않도록 계획을 세워 실천해 보세요.

정답: 강

압박감

"수업 시간 받아쓰기 시험에서 100점을 못 받을까 봐 걱정돼요."

준비를 충분히 하고 최선을 다합시다. 자신을 믿고 최선을 다하면 좋은 결과가 따를 것입니다. 만약 실패하더라도 걱정하지 마세요. 중요한 것은 내가 노력했다는 것이고, 실패는 성공의 밑거름이 될 테니까요.

함께해 봐요!

관련 인성은?

예절 ① 압박감을 느끼는 일이 있을 때는 재미있는 일에 ○○하는 것이라고 생각하면 좀 더 쉬워질 거예요.

예절 ② '나는 할 수 있다!'라고 생각하면 문제를 해결하는 데 도움이 돼요.

예절 ③ 어려운 일로 압박감을 느낄 때는 새롭고 다양한 방법으로 시도해요. 쉽게 해결하는 방법을 찾을지도 몰라요.

예절 ④ 어려움을 겪을 때는 친구와 가족에게 도움을 요청하고 함께 힘을 합쳐 문제를 해결하는 것이 필요해요.

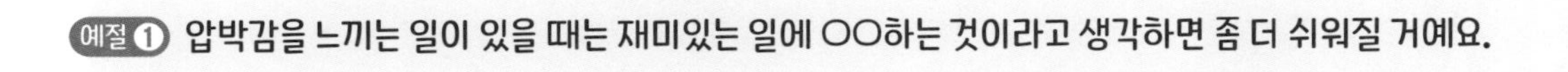

도  (ㅈ)

자 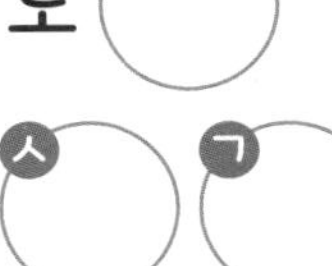 (ㅅ) (ㄱ)

창  (ㅇ)

협   (ㄹ)

정답 : 도전, 자신감, 창의, 협력

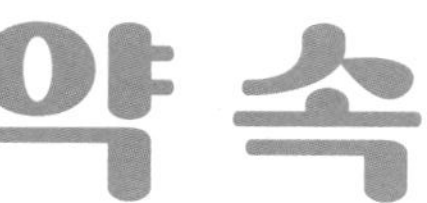

약 속

다른 사람과 앞으로의 일을 어떻게 할지 ㅁ( ) ㄹ( ) 정해 둔 것

"내일 아침 8시 30분에 교문에서 함께 만나자.
꼭꼭 약속해!"

'아이에게 무언가를 약속했다면 반드시 지켜라.
아이에게 약속을 지키지 않는 것은 거짓말을 가르치는 것이 된다.'

- 탈무드(서양 고전) -

생각해 봐요! 나는 약속을 잘 지키는 사람이라고 생각하나요?

정답 : 미리

약속 "학교에 자주 지각을 하게 된다면?"

등교 시간을 잘 지키는 것은 중요합니다. 지각하게 되면 나뿐만이 아니라 선생님과 다른 친구들에게도 큰 피해를 줄 수 있기 때문입니다. 평소에 좀 더 일찍 일어나서 집에서 출발하는 시간을 5분 정도 앞당겨 보세요. 등교 시간을 잘 지키는 것만으로도 훨씬 더 활기찬 학교생활을 할 수 있어요.

함께해 봐요!

예절 ① 약속을 잘 지키는 사람은 상대방에게 믿음을 줄 수 있어요.

예절 ② 시간 약속을 지키기 위해 5분 만 일찍 준비해요. 마음의 여유도 함께 생겨요.

예절 ③ 약속을 중요하게 생각하는 마음은 자신의 할 일을 미루지 않고 끝까지 해낼 수 있는 자세를 가진 것과 같아요.

예절 ④ 약속을 지키겠다고 다짐했다면 반드시 약속을 행동으로 옮기는 멋진 어린이가 되세요.

관련 인성은?

신 

여 

책 

실 

정답 : 신뢰, 여유, 책임감, 실천

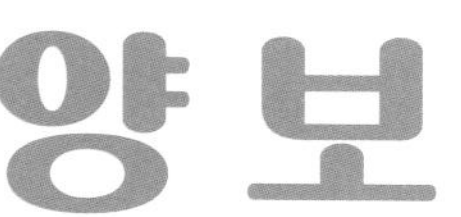

다른 사람을 위하여 자신의 이익을 포기하거나 내 (ㅇ)(ㄱ)을 굽힘

"할머니, 여기 앉으세요!"

내가 가진 것을 다른 사람들과 나누는 것은 쉽지 않지만 참으로 멋진 행동입니다. 내가 한 양보는 언젠가 행복과 함께 돌아올 거예요. 일상 속에서 양보를 실천합시다.

생각해 봐요! 오늘의 미션! 양보 세 번 실천하기!

정답 : 이득

양보 "나는 양보했는데 친구는 양보를 안 해요."

상대방의 양보를 기대해서 내가 양보를 하는 것은 아닙니다. 다른 사람을 배려하고 양보했을 때 자랑스러운 나를 위해서 하는 것이지요. 하지만 친구가 너무 양보하지 않아서 기분이 나쁠 때에는 그 기분을 말해 보세요.

함께해 봐요!

관련 인성은?

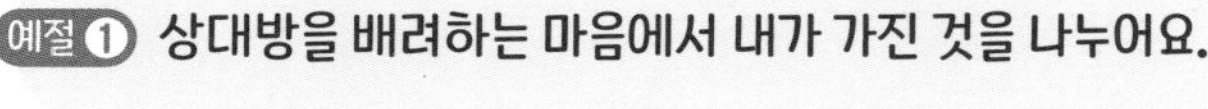

예절 ① 상대방을 배려하는 마음에서 내가 가진 것을 나누어요.

예절 ② 내가 양보해서 상대방이 좋아하고 감사해하면 나도 기뻐요.

예절 ③ 내가 양보했다고 해서 친구도 양보해야 하는 건 아니에요. 다름을 인정해 줘요.

예절 ④ 내가 양보를 받았다면 "고마워.", "다음번엔 너 먼저 해."라고 말해요.

나 ㄴ ( )
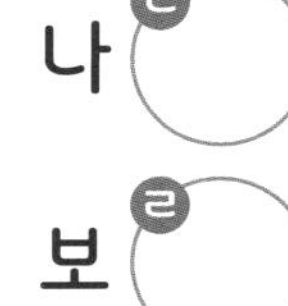

보 ㄹ ( )

이 ㅎ ( )

감 ㅅ ( )

정답 : 나눔, 보람, 이해, 감사

양심

자신이 한 일이 옳은지 그른지   을 내리는 마음

"함부로 꽃을 꺾으면 더 이상 아름다운 꽃을 감상할 수 없을 테니 눈으로만 보아야겠어."

양심은 사람을 사람답게 해 주는 마음입니다.
양심에 따라 행동하는 사람이 많아지면 살기 좋은 사회,
건강한 공동체를 만들 수 있어요.

생각해 봐요! 내가 했던 양심 있는 행동을 떠올려 보고 스스로 칭찬해 보세요.

정답 : 판단

양심 "근처에 쓰레기통이 보이지 않을 때 바닥에 몰래 버린다면?"

아무렇게나 쓰레기를 바닥에 버리는 것은 양심을 지키지 않는 행동입니다. 양심을 지키지 않는 사람이 많아지면 사회 질서가 혼란스러워질 거예요. '나 하나쯤이야.'가 아니라 '나라도 잘 지켜야지.'라는 마음을 가지는 것이 바람직합니다.

함께해 봐요!

관련 인성은?

예절 ① 횡단보도에서 빨간불 신호 때는 건너지 않고 기다렸다가 다음 파란불 신호에 건너요.

질 (ㅅ)

예절 ② 쓰레기를 함부로 버리지 않고 줍는 사람이 더 많아지면 자연을 지킬 수 있어요.

자 (ㅇ) (ㅂ) 호

예절 ③ 양심이 있는 사람은 자신의 행동에 대해 잘잘못을 판단하여 올바르게 행동해요.

반 (ㅅ)

예절 ④ 양심을 잘 지키는 사람은 누가 시키지 않아도 스스로 바르게 행동해요.

자 (ㅇ)

정답 : 질서, 자연 보호, 반성, 자율

억울

잘못 없이 꾸중을 들어 ㄷ( ) ㄷ( ) 하고 화남

"동생이 날 때렸는데 나만 혼났어. 억울해!"

가끔 억울할 때가 있죠? 그럴 때는 눈물 뚝!

상황과 내 마음을 솔직하게 설명해 보세요.

차분하게 말한다면 누구든지 내 말에 귀 기울여 줄 거랍니다.

대신 나도 상대방의 말에 귀 기울이기~. 약속!

생각해 봐요! 억울했던 일을 어떻게 해결했나요?

정답 : 답답

제헌절

1948년 7월 17일 대한민국 헌법 공포를 ㄱ( ) ㄴ( ) 하는 국경일

※ 헌법: 국가 통치 체제와 기본권 보장의 기초에 관한 근본 법규

※ 공포: 법·규정 등을 널리 알리는 것

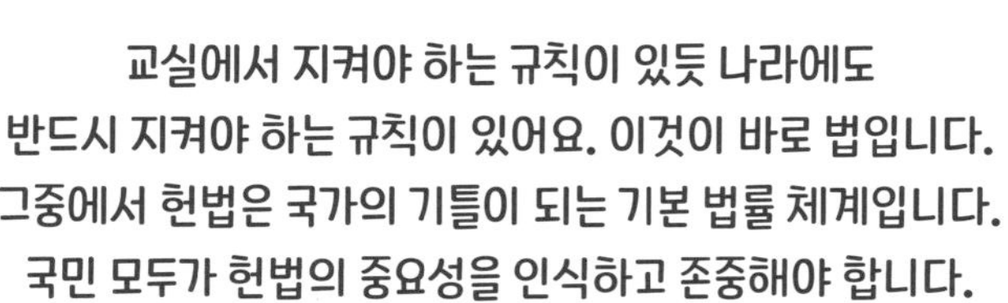

교실에서 지켜야 하는 규칙이 있듯 나라에도
반드시 지켜야 하는 규칙이 있어요. 이것이 바로 법입니다.
그중에서 헌법은 국가의 기틀이 되는 기본 법률 체계입니다.
국민 모두가 헌법의 중요성을 인식하고 존중해야 합니다.

생각해 봐요! 세상에 법이 없다면 어떻게 될까요?

정답 : 기념

준수 "우리는 왜 법을 지켜야 할까요?"

세상에 법이 없다면 사회는 혼란스러울 것입니다. 법은 개인의 권리와 자유를 보호하고 분쟁을 해결하는 기준이 됩니다. 보이지 않는 법을 우리 모두가 지키기 위해 노력하기 있기에 우리는 오늘도 안전하고 평화롭게 살 수 있습니다.

함께해 봐요!

관련 인성은?

예절 ① 교실에서 ○○을 잘 지켜야 모두가 평화로워요.

예절 ② "우리 반 모두 규칙을 잘 지키기 위해 노력해." 우리 모두 힘을 모아 규칙을 잘 지켜야 해요.

예절 ③ "질서를 지키니 모두 다치지 않고 생활할 수 있어."

예절 ④ 다른 사람이 보든 보지 않든 스스로 ○○○○하게 법을 지켜야 해요.

규 ㅊ

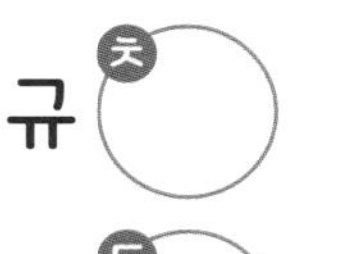

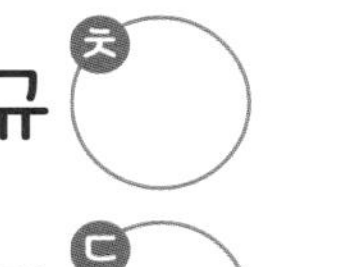

협 ㄷ

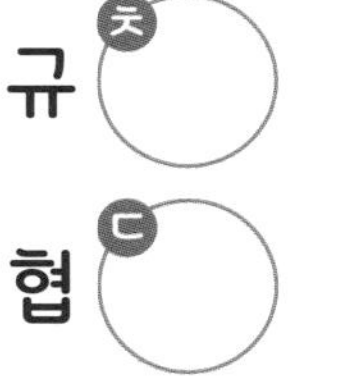

안 ㅈ

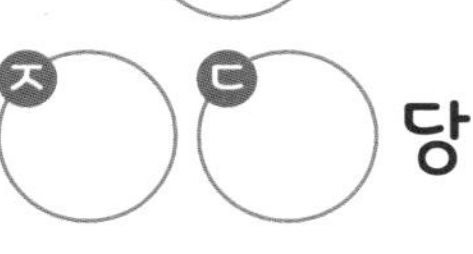

정 ㅈ ㄷ 당

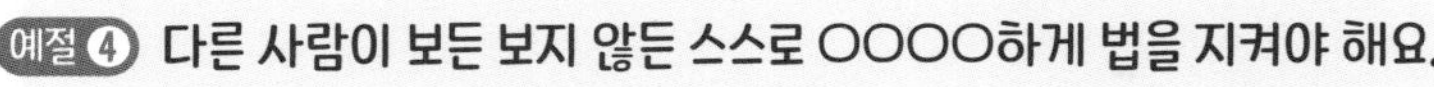

정답 : 규칙, 협동, 안전, 정정당당

억울 "친구의 나쁜 행동을 따라 했는데 나만 혼났어요."

친구가 한 행동을 따라 한 것은 나의 의지랍니다. 잘못한 행동에 책임을 져야겠죠? 억울하기 이전에 내 행동에는 잘못이 없는지 생각해 봅시다.

함께해 봐요!

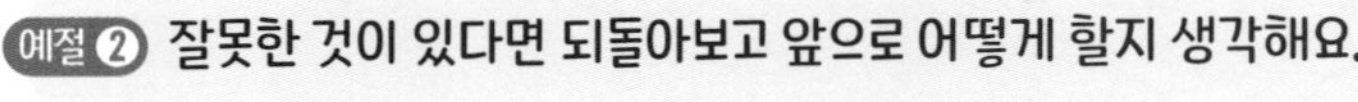

관련 인성은?

예절 ① 친구가 한 행동이 재밌어 보여도 잘못된 행동이면 따라 하면 안 돼요. — 절 (ㅈ)

예절 ② 잘못한 것이 있다면 되돌아보고 앞으로 어떻게 할지 생각해요. — 반 (ㅅ)

예절 ③ 친구가 잘못된 행동을 하면 하지 말아야 한다고 알려 줘요. — 정 (ㅇ)

예절 ④ 친구가 억울하다고 하면 그 이야기를 들어 줘요. — 경 (ㅊ)

정답 : 절제, 반성, 정의, 경청

여 유

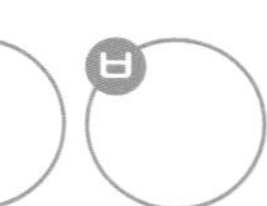
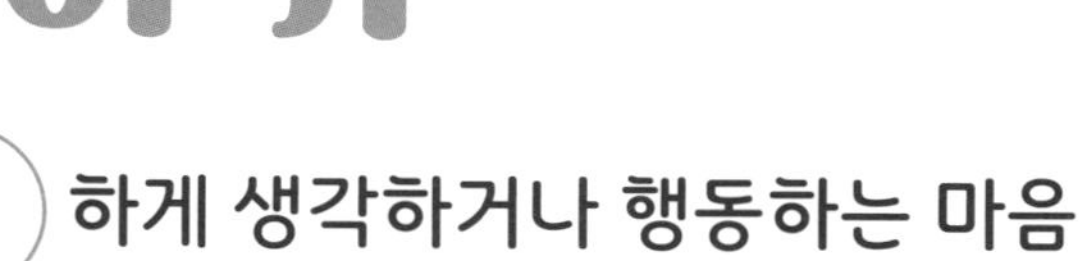

느긋하고 (ㅊ)(ㅂ)하게 생각하거나 행동하는 마음

"나는 책을 읽을 때 빨리 읽지 않으려고 해.
글도 천천히, 그림도 천천히 여러 번 읽고 보지.
그럼 빨리 읽을 때 몰랐던 감동을 느끼게 돼."

벚꽃 향기, 파아란 하늘, 우리 가족의 웃음소리….

행복은 여유에서 온답니다.

무조건 빨리 마치려고 한다면 놓치는 행복이 있기 마련이거든요.

생각해 봐요! 여유가 생긴다면 평소 하지 못했던 어떤 것을 하고 싶나요?

정답 : 차분

여유 "발표할 때면 심장이 너무 빨리 뛰어서 발표를 못 하겠어요."

발표가 익숙하지 않아 여유가 없는 것입니다. 발표하다 보면 여유롭게 할 수 있을 때가 올 거예요. 먼저 발표할 내용을 생각해 보고, 마음속으로 연습해 보세요. 자신감 있게 발표할 수 있는 여유가 생긴답니다.

함께해 봐요!

예절 ① 여유롭게 발표할 수 있도록 차근차근 연습해 나가요.

예절 ② '나는 잘 해낼 거야.'라고 여유를 가지고 힘 날 수 있게 스스로를 응원해요.

예절 ③ '시간에 상관없이 책을 마음껏 읽을 수 있어!' 여유로운 순간을 즐겨요.

예절 ④ 여유를 가지면 마음이 편안해지고 어려웠던 일도 쉽게 할 수 있게 돼요.

관련 인성은?

꾸 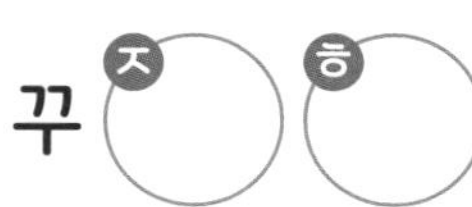 

긍 

행 

편 

열 정

어떤 일에 애정을 가지고 ㅈ( ) ㅈ( ) 하는 마음

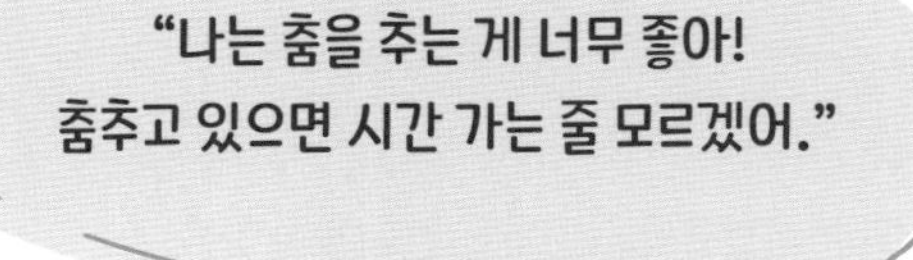

"나는 춤을 추는 게 너무 좋아!
춤추고 있으면 시간 가는 줄 모르겠어."

잘하지 못하더라도 마음을 쏟는 그 열정이 정말로 대단한 것이랍니다.

열정을 가진 사람은 무엇이든 해낼 수 있거든요!

생각해 봐요! 열정을 가지고 도전하고 싶은 일은 무엇인가요?

정답 : 집중

열정 "나는 열정을 쏟을 만한 것이 없어요."

아직 자신이 좋아하는 게 뭔지 잘 모르는군요? 괜찮아요. 지금부터 찾으면 된답니다. 내가 좋아하는 것을 찾으려면 먼저 여러 가지를 도전해 봐야겠지요? 새로운 것도 마다하지 않고 한번 시도해 보세요!

함께해 봐요!

예절 ① 어떤 것에 관심이 있다면 두려워하지 말고 한번 해 본다는 마음으로 시도해요.

예절 ② 잘하지 못하더라도 재미있다면 포기하지 않고 열심히 해요.

예절 ③ 잘 못하던 것을 잘하게 되면 뿌듯하고 OO해집니다.

예절 ④ 하나를 성공해 내면 다른 것도 잘할 수 있다는 생각이 들게 됩니다.

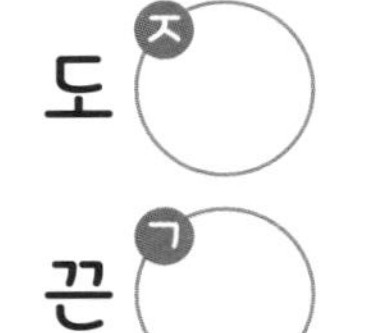

도 ㅈ

끈 ㄱ

행 ㅂ

자 ㅅ ㄱ

정답 : 도전, 끈기, 행복, 자신감

마음가짐과 공손한 말투나 행동

"내가 예의 바르게 인사하면 이웃집 아주머니도 웃으며 인사해 주셔. 그럼 나도 기분이 좋아져!"

내가 먼저 예의 바르게 행동하면
다른 사람들도 나를 예의 바르게 대해 준답니다.
예의! 내가 먼저 실천합시다.

생각해 봐요! 엘리베이터에서 만난 웃어른께 어떻게 인사해야 하나요?

정답 : 바른

예의 "친구를 장난으로 놀려도 될까요?"

사람과 사람의 관계에서는 언제나 예의를 지켜야 합니다. 친구 사이에도 마찬가지랍니다. 친구를 존중하며 예의 있게 대한다면 친구도 나를 존중하며, 더 좋은 친구 사이가 되겠죠?

함께해 봐요!

관련 인성은?

예절 ① 동생의 의견이라도 잘 들어주고 이해하도록 노력해요.

예절 ② 가족처럼 가까운 사이일수록 막 대하지 않고 소중하게 여겨야 해요.

예절 ③ 자신이 잘하는 것을 드러내며 지나치게 자랑하지 말고 상대방을 높여 줘요.

예절 ④ 예의 바른 행동은 어버이날 같은 특정한 날에만 하는 게 아니라 평상시에도 실천해야 해요.

경 (ㅊ)

존 (ㅈ)

겸 (ㅅ)

꾸 (ㅈ) (ㅎ)

정답 : 경청, 존중, 겸손, 꾸준함

다른 사람들에게 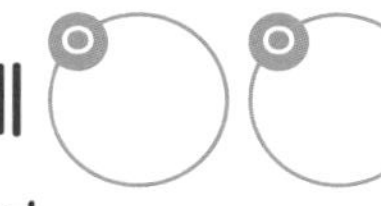 를 지키는 방법이나 질서

"공공장소에서는 조용히 해야 돼!"

장소와 상황에 따라 꼭 지켜야 할 예절이 있답니다.
예절을 지키지 않고 자기 마음대로 행동한다면 주변 사람들에게
비난받을 수 있어요. 어렵더라도 지키도록 노력합시다.

생각해 봐요! 대중교통에서 지켜야 할 예절에는 어떤 것이 있을까요?

정답 : 예의

예절 "결혼식에 가는데 부모님이 운동복을 못 입게 해요."

장소에 따라서 적절한 옷차림을 선택하는 것도 예절이랍니다. 결혼을 축하해 주는 행사 자리에는 깔끔하게 갖춰 입고 가야 한답니다. 옷차림 예절을 잘 지키지 못하면 다른 사람들에게 안 좋은 인상을 남길 수 있으니 조심하세요.

함께해 봐요!

관련 인성은?

예절 ① '헉! 나만 운동복이잖아···.' 장소에 맞는 옷을 입어야 창피하지 않고 더욱 재미있게 놀 수 있어요.

예절 ② "할머니, 저 마음이에요!" 전화를 할 때에는 꼭 내가 누구인지 밝히고 예의 바르게 말해 전화 예절을 지켜야 해요.

예절 ③ 평상시에 대화할 때 상대방의 의견을 ○○하고 존중해 줘요.

예절 ④ 상황에 따라 예절을 지키는 것이 쉽지 않을 때가 있어요. 예절을 잘 지키려고 노력하는 나를 응원해 줘요.

자 (ㅅ)(ㄱ)

소 (ㅌ)

경 (ㅊ)

자 (ㅂ)(ㅅ)

정답 : 자신감, 소통, 경청, 자부심

오해

사실과 (ㄷ)(ㄹ)(ㄱ) 이해함

"나는 네가 날 놀리는 줄 알았어. 오해해서 미안해.
다음부터는 제대로 못 들었을 때 꼭 다시 물어볼게."

우리는 언제든지 오해할 수 있답니다.

그럴 땐 오해한 자신의 잘못을 인정하고 사과해야 합니다.

실수는 할 수 있지만, 자신의 행동에 책임져야 하니까요!

생각해 봐요! 오해했을 때에는 어떻게 해야 할까요?

정답 : 다르게

오해 "친구랑 싸웠는데 알고 보니 제가 오해했던 거였어요."

잘못을 인정하는 것에는 큰 용기가 필요한 법이랍니다. 지금 그 친구는 오해를 받아서 속상할 거예요. 먼저 다가가서 잘못을 인정하고 사과하는 건 어떨까요? 먼저 손을 내밀면 더 좋은 친구 관계를 유지할 수 있답니다.

함께해 봐요!

예절 ① 친구의 말을 잘못 이해하고 오해하지 않도록 잘 들어요. — 경 ㅊ

예절 ② 내가 오해한 것이 있다면 잘못을 ○○하고 사과해요. — 인 ㅈ

예절 ③ 친구가 오해했다며 진심으로 사과한다면 친구의 실수를 ○○해 줘요. — 용 ㅅ

예절 ④ 오해한 것을 바로잡고 화해하면 예전보다 더욱 친한 친구가 될 수 있어요. — 우 ㅈ

정답 : 경청, 인정, 용서, 우정

혼자여서 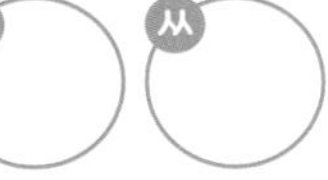 한 마음이나 느낌

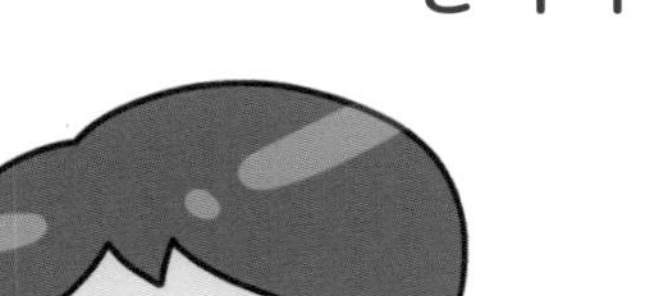

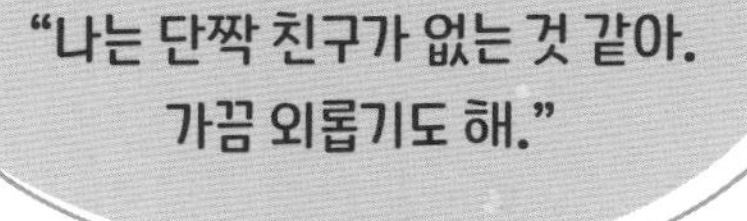

가끔 혼자인 것 같고 외로움을 느낄 때가 있죠?

나만 빼고 모두 친한 것 같을 때가 있죠? 그렇지 않아요.

우리 주변엔 친구도, 가족도 있답니다.

먼저 다가가 보세요. 외로움을 해결할 가장 좋은 방법이랍니다.

생각해 봐요! 나만의 외로움 해결 방법이 있나요?

정답 : 쓸쓸

외로움 "친구를 사귀는 게 어려워요."

친구에게 먼저 다가가 말을 걸어 보세요. 간단하게 어디 사는지부터 좋아하는 놀이, 좋아하는 만화 등등을 물어보며 공통점을 찾아보세요. 그리고 찾은 공통점을 함께해 보자고 먼저 말해 보세요. "같이 놀이터 갈래?"

함께해 봐요!

관련 인성은 ?

예절 ① 친구가 없다고 불평하지 말고 먼저 다가가요.

예절 ② 친구를 사귈 때에는 귀를 열어 친구의 이야기를 잘 들어요.

예절 ③ 외롭다고 느껴질 때면 무엇 때문에 외롭다 느끼는지 생각해요.

예절 ④ 친구가 외롭다고 할 때면 공감해 주며 함께 이야기를 나눠요.

용 ㄱ( )

경 ㅊ( )

이 ㅎ( )

소 ㅌ( )

정답 : 용기, 경청, 이해, 소통

용기

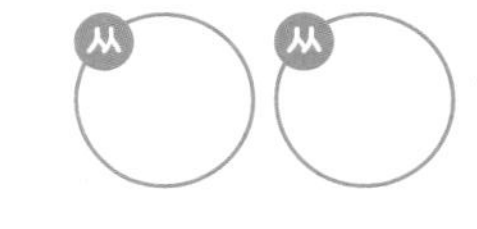

하고 힘찬 행동과 마음가짐

무서워서 못 하는 일이 있나요?
용기를 가지고 한 걸음씩 천천히 내딛어 보세요.
용기는 함께할수록 더 커진답니다.

생각해 봐요! 두려웠지만 용기를 가지고 도전해 본 일이 있나요?

정답: 씩씩

용기 "공놀이를 할 때 공이 날아오면 무서워서 피하기만 해요"

'나는 할 수 있다. 나는 할 수 있다.' 계속 생각하면서 등을 쭉 펴고 심호흡을 해 봅니다. 그래도 어렵다면 '실수해도 괜찮아. 다음에 성공하면 되지 뭐!'라고 생각해 보세요. 그러면 마음이 편해져서 용기가 샘솟는 답니다.

함께해 봐요!

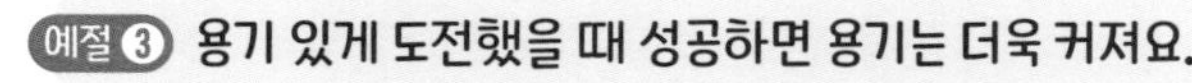
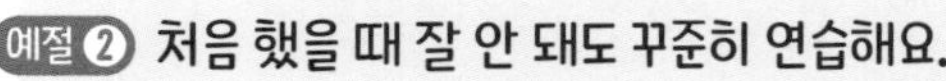

예절 ① 처음 보는 것에 겁내지 말고 "내가 한번 해 볼게."라고 말해요.

예절 ② 처음 했을 때 잘 안 돼도 꾸준히 연습해요.

예절 ③ 용기 있게 도전했을 때 성공하면 용기는 더욱 커져요.

예절 ④ 계속해서 연습했는데도 잘 안 된다면, '아! 나에겐 이게 어렵구나.' 하고 나를 더 잘 알 수 있어요.

관련 인성은?

도 (ㅈ)

성 (ㅅ)
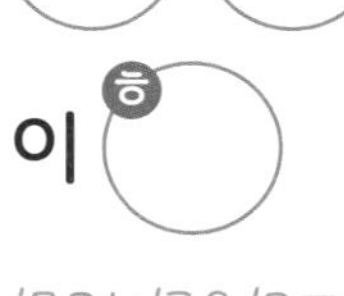

자 (ㅅ)(ㄱ)
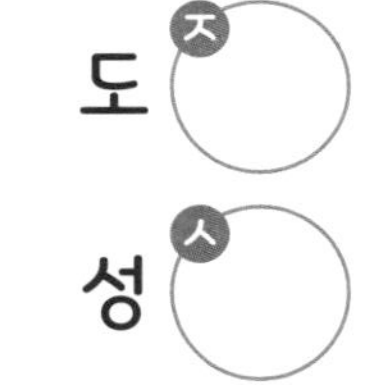

이 (ㅎ)

정답 : 도전, 성실, 자신감, 이해

용 서

ㅈ ㅁ 한 일을 벌하지 않고 덮어줌

"인성아, 이렇게 진심으로 사과해 줘서 고마워.
나도 용서해 줄게."

친구가 사과해도 용서가 안 될 때가 있죠?
하지만 용서하지 않으면 그 일이 계속 떠오르고,
계속 화가 나는 법이랍니다.
그래서 용서는 나 자신을 위한 것이라고도 합니다.

생각해 봐요! 용서해 본 적 있나요? 그때 마음은 어땠나요?

정답 : 잘못

용서 "친구가 사과했는데 용서하고 싶지 않아요."

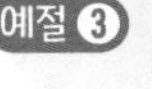

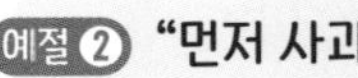

용서하고 싶지 않은 이유를 떠올려 볼까요? 왜 기분이 나쁜지 생각해 보고 사과하는 친구의 마음을 헤아려 보세요. 만약 친구가 사과를 제대로 하지 않아 그런 마음이 든다면, 내 진심을 다시 전해 보는 건 어떨까요?

함께해 봐요!

관련 인성은?

예절 ① 사과하기 위해 고민했을 친구의 마음을 헤아려요.

예절 ② "먼저 사과해줘서 고마워. 나도 앞으로 조심할게."라고 용기 있게 말해 다툼을 해결해요.

예절 ③ 친구가 사과하면서 장난친다면 "네가 장난하듯이 말해서 서운했어. 나는 우리가 싸운 게 정말 속상했거든."이라고 자신의 마음을 솔직하게 전해요.

예절 ④ 사과하는 친구를 이해하고 용서한다면 더욱 친한 친구가 될 수 있어요.

이 ㅎ 

화 ㅎ 

소 ㅌ 

우 ㅈ 

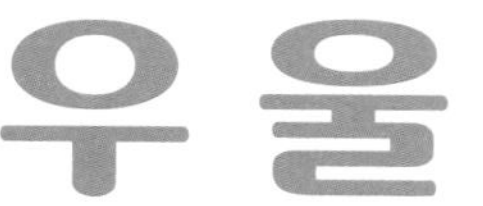

마음이 ㄷ◯ ㄷ◯ 하고 활발함이 없음

"나는 제대로 하는 게 하나도 없어.
아무것도 하고 싶지 않아."

우울한 감정을 없애기 위해 무언가 다른 것을 해 봅시다.

운동, 노래, 영화 보기, 책 읽기….

우울한 감정을 얼른 바꿀 만한 자신이 좋아하는 것을 해 보세요.

생각해 봐요! 우울할 때에는 어떻게 하나요?

정답 : 답답

우울 "시험 점수가 매번 낮아서 우울해요."

시험 점수가 낮아도 괜찮아요. 점수보다 중요한 것은 노력하고 배우는 과정이랍니다. 앞으로 더 나아질 테니 포기하지 말고 조금씩 꾸준히 노력해 보세요.

함께해 봐요!

관련 인성은?

예절 ① 내가 잘하는 것과 못하는 것을 생각해 보며 나 자신을 존중해 줘요.

예절 ② 항상 제시간에 일어나서 준비하고 학교에 가는 것만으로도 대단한 일이니 나 자신을 칭찬해 줘요.

예절 ③ 무언가를 못한다고 혼내지 마세요. 처음엔 다 잘 못할 수 있어요.

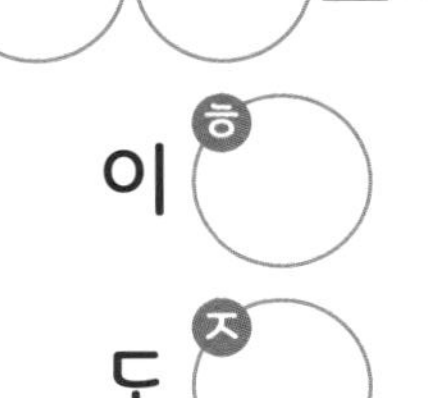

예절 ④ 실패할까 봐 두려워서 아무것도 하지 않으면 평생 못하게 될 거예요. 용기 내어 시작해요.

정답 : 자존감, 자랑스러움, 이해, 도전

우정

친구 사이에 느끼는 (ㅊ)(ㄱ)(ㅎ)

"우리는 정말 친해요. 매일 같이 놀아요~!"

우정은 성별, 피부색, 나이와 상관없이 여러 친구와 나눌 수 있습니다.
내가 혹시 한 명의 친구와만 놀고 있진 않은지,
같은 성별의 친구와만 놀고 있진 않은지 생각해 봅시다.

생각해 봐요! 나와 제일 친한 친구는 누구인가요?

정답 : 친근함

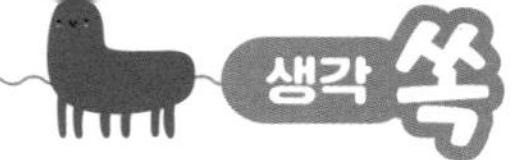

우정 "친구들에게 내가 좋아하는 마음을 표현하고 싶은데 어려워요."

원래 부정적인 말보다 긍정적인 말을 전하는 것이 더 어려운 법이지요. 먼저 가벼운 칭찬부터 해 보는 건 어떨까요? "너 정말 줄넘기 잘한다!", "대단해!" 하고 응원하는 것도 좋답니다. "너도 금방 할 수 있을 거야. 내가 도와줄게!"

함께해 봐요!

관련 인성은?

예절 ① 친구들을 잘 살펴보고 도와줄 것이 있나 생각해 봐요.

예절 ② 친구가 하는 말에 귀 기울여요.

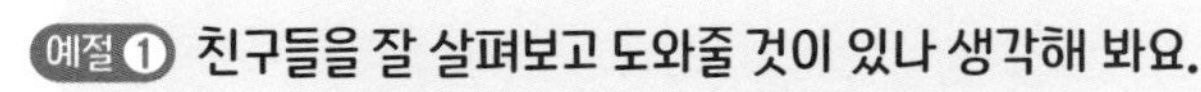

예절 ③ 친구가 슬퍼하면 이야기를 들어 주고 응원해요.

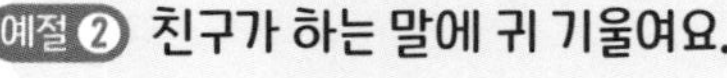

예절 ④ 친구가 그네를 타고 싶다고 하면 먼저 탈 수 있게 ○○해요.

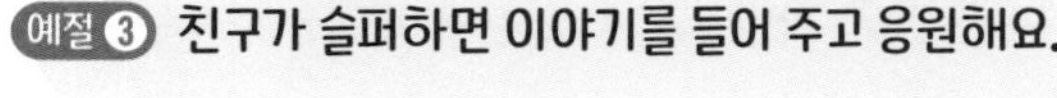

관 (ㅅ) ○

경 (ㅊ) ○

위 (ㄹ) ○

양 (ㅂ) ○

정답 : 관심, 경청, 위로, 양보

우쭐

의기양양하여 (ㅃ) 내는 모습

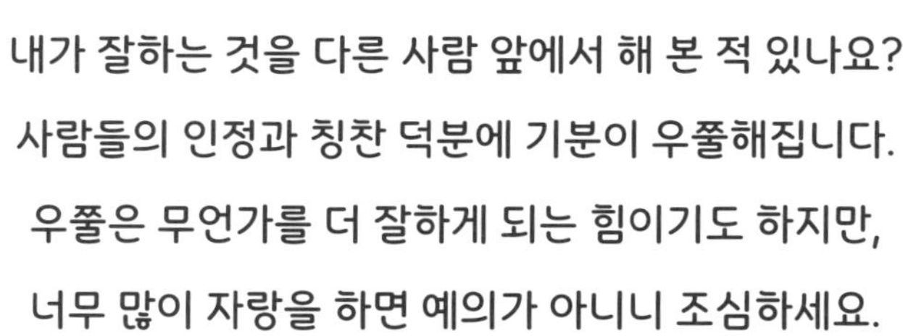

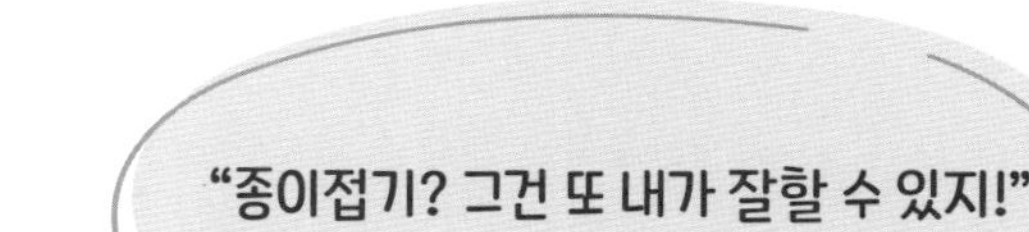

내가 잘하는 것을 다른 사람 앞에서 해 본 적 있나요?
사람들의 인정과 칭찬 덕분에 기분이 우쭐해집니다.
우쭐은 무언가를 더 잘하게 되는 힘이기도 하지만,
너무 많이 자랑을 하면 예의가 아니니 조심하세요.

생각해 봐요! 나 스스로가 자랑스러웠던 순간은 언제였나요?

정답 : 뽐

우쭐 "내가 잘한 것을 자랑해도 되나요?"

다른 사람에게 자랑하기 위해 잘하는 것이 아니라 나를 위해 잘하는 것입니다. 자랑이 반복되면 다른 사람들의 눈살이 찌푸려질 수도 있답니다. 말 대신 행동으로 보여 주는 건 어떨까요?

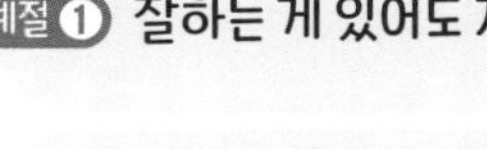

함께해 봐요!

관련 인성은?

예절 ① 잘하는 게 있어도 자랑하지 않아요.

예절 ② 잘하는 것을 칭찬받으면 "○○합니다."라고 말해요.

예절 ③ 우리는 서로 잘하는 것이 달라요. 차이를 이해하고 인정해 줘요.

예절 ④ 내가 잘하는 것을 자랑하지 말고 친구도 잘할 수 있도록 도와줘요.

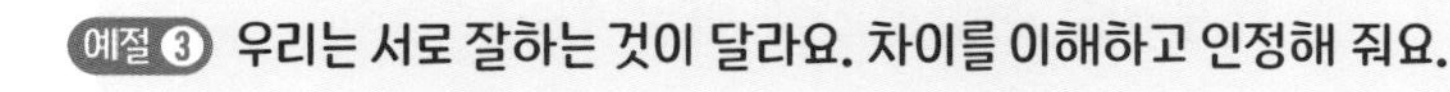

겸 (ㅅ)

감 (ㅅ)

존 (ㅈ)

나 (ㄴ)

정답 : 겸손, 감사, 존중, 나눔

위로

따뜻한 말과 행동으로 ㅅ( ) ㅍ( ) 을 달래 줌

"열심히 준비했는데 아쉽겠다. 괜찮아.
다음엔 더 잘할 수 있을 거야."

행복은 나누면 두 배, 슬픔은 나누면 절반이라는 말이 있습니다.

친구가 슬퍼하고 있다면 위로해 주세요.

그게 바로 진정한 친구 아닐까요?

생각해 봐요! 가장 기억에 남는 위로의 말은 무엇인가요?

정답 : 슬픔

위로 "위로를 어떻게 하는지 모르겠어요."

마음으로만 하는 위로가 아닌 말과 행동으로 보여 주면 더 좋겠죠? 먼저 슬픔에 공감해 주세요. "정말 속상했겠다." 그리고 응원을 합니다. "괜찮아. 다음에 다시 기회가 있을 거야. 나도 도와줄게!"

함께해 봐요!

관련 인성은?

예절 ① 슬퍼하는 사람의 마음을 이해해 줘요. — 공 (ㄱ) ◯

예절 ② 슬퍼하는 친구의 말을 잘 들어 줘요. — 경 (ㅊ) ◯

예절 ③ 슬픔을 함께 나누면 더 좋은 친구 사이가 돼요. — 우 (ㅈ) ◯

예절 ④ 위로를 해 준 사람들에게 ○○한 마음을 전해요. — 감 (ㅅ) ◯

정답 : 공감, 경청, 우정, 감사

유쾌

즐겁고 , 산뜻한 마음 상태

"우리 집에서는 하하 호호 웃는 유쾌한 소리가 끊이지 않아."

재미있어 즐겁고 걱정 없이 웃을 수 있는 마음이 유쾌입니다.
친구랑 뛰어놀기, 구름 모양 관찰하기, 재미있는 책 읽기 등등.
오늘을 유쾌한 하루로 만들어 볼까요?

생각해 봐요! 우리 집 분위기를 유쾌하게 만드는 사람은 누구인가요?

정답 : 시원

유쾌 "항상 유쾌한 친구들이 부러워요."

농담하거나 장난치는 것만이 유쾌한 것은 아니랍니다. 상대방의 기분을 좋게 해 준다면 모두 유쾌한 것이지요. 공통 관심사로 이야기 나누기, 내가 많이 가진 것을 나누기, 도와주기 등등 유쾌한 친구가 될 수 있는 방법을 생각해 봅시다.

함께해 봐요!

예절 ① 친구를 잘 살펴보고 도움이 필요할 때 먼저 다가가 도와줘요.

예절 ② 친구와 오가는 대화가 유쾌하려면 우선 친구의 이야기를 잘 들어야 해요.

예절 ③ "민서야! 혹시 이 만화 좋아해?" 친구와 공통 관심사로 이야기를 나눠요.

예절 ④ "오늘도 잘 놀았다!" 친구와 함께 보낸 유쾌한 시간은 나를 OO하게 해요.

정답 : 관심, 경청, 소통, 행복

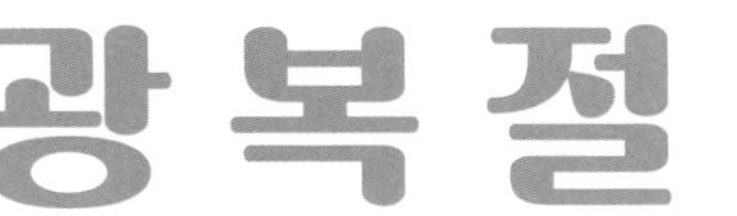

광 복 절

1945년 우리나라가 ㅇ ㅂ 으로부터 해방된 것을 기념하고,
대한민국 정부 수립을 축하하는 날

※ 해방: 구속이나 억압, 부담 따위에서 벗어나게 함

※ 정부: 행정을 맡아보는 국가 기관

1910년부터 1945년까지 한반도는 일본의 식민 지배를 받았어요.
이 기간 동안 한국은 주권과 독립을 상실하고 많은 억압을 겪었습니다.
한국의 독립을 위해 투쟁하신 많은 독립운동가분들께
감사한 마음을 전해 봅시다.

생각해 봐요! 광복절에 우리가 할 수 있는 일은 무엇인가요?

정답 : 일본

독립 "광복절은 그냥 쉬는 날인가요?"

광복절은 한국이 일본의 지배에서 벗어나 독립을 쟁취한 것을 기념하는 날입니다. 태극기를 게양하고 관련 문화 행사에 참여해 보길 바랍니다. 또한, 독립운동가들의 희생과 노력에 감사하고, 앞으로 대한민국의 발전과 평화를 다짐하는 의미 있는 시간을 가져 보길 바랍니다.

함께해 봐요!

예절 ① 독립운동가의 노력과 ○○에 항상 감사한 마음을 가져요.

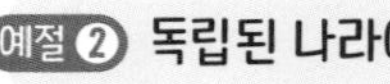

예절 ② 독립된 나라에서 평화롭게 살고 있다는 것에 ○○해요.

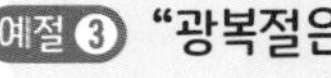

예절 ③ "광복절은 단순히 노는 날이 아니야." 광복절의 역사와 의미를 생각해요.

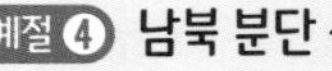

예절 ④ 남북 분단 상황에서 한반도가 통일되어 ○○로운 세상이 되길 바라는 마음을 가져요.

관련 인성은?

희 (ㅅ)

감 (ㅅ)

관 (ㅅ)

평 (ㅎ)

정답 : 희생, 감사, 관심, 평화

은혜

바라는 것 없이 고맙게 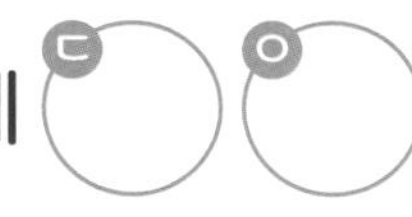 주고 위해 주는 것

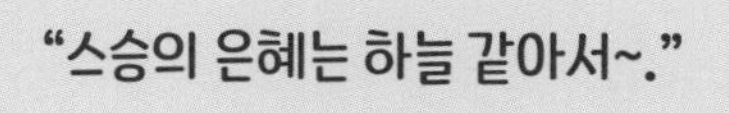

부모님, 선생님처럼 나에게 대가를 바라지 않고
도움을 주는 분들이 계신가요?
사랑과 은혜를 당연하게 생각하지 말고
감사하며 보답하는 멋진 사람이 되도록 합시다.

생각해 봐요! 감사한 마음을 전해 본 경험을 떠올려 보세요.

정답 : 도와

은혜 "은혜는 어떻게 보답해야 하나요?"

감사한 마음을 담아 따뜻한 말을 전해 보세요. "감사합니다!" 같은 아주 간단한 말이라도 좋습니다. "맛있는 밥을 만들어 주셔서 감사합니다!" 이유를 덧붙이면 더욱 좋습니다. 또 내가 받은 은혜를 기억하고 다른 사람에게 베풀어 보세요. "동생! 내가 수학 가르쳐 줄게!"

함께해 봐요!

관련 인성은?

예절 ① 부모님께서 해 주시는 모든 것을 당연한 것이라 생각 말고 고마운 마음을 가져요.

감 ㅅ ( )

예절 ② "감사합니다!" 사소한 것이라도 도움을 받았다면 표현해요. 표현하지 않으면 모르니까요.

소 ㅌ ( )

예절 ③ 내가 받은 은혜를 기억하고 나도 또 베풀면 다 함께 기쁘답니다.

나 ㄴ ( )

예절 ④ 은혜에 보답할 수 있는 방법을 생각해 보고 실천하면 마음이 뿌듯해져요.

보 ㄹ ( )

정답 : 감사, 소통, 나눔, 보답

의리

사람과의 관계에서 마땅히 지켜야 할 ㅂ( ) ㄹ( ) 행동

"비밀 꼭 지킬게! 그게 바로 친구 간의 의리지."

친구가 외로워하거나 슬퍼하면 함께 있어 주고,
친구의 비밀도 지켜주는 행동, 배려하는 행동이 모두 의리랍니다.
우정이 오랫동안 지속되려면 의리가 꼭 필요하겠죠?

생각해 봐요! 친구와의 의리를 지키기 위해 할 수 있는 일에는 무엇이 있을까요?

정답 : 바른

“내 친구가 다른 친구랑 놀아요.”

나와 친한 친구가 다른 친구랑 논다고 해서 의리를 지키지 않은 것은 아니랍니다. 친구를 한 명만 두어야 한다는 법은 없기 때문이에요. 자! 혼자서 슬퍼 말고 다 같이 놀러 가 볼까요?

함께해 봐요!

예절 ① 친구가 하는 이야기를 잘 들어 줘요.

예절 ② “정말? 와~. 축하해!” 친구에게 ○○ 일이 있다면 함께 축하해 줘요.

예절 ③ “정말 슬펐겠다.” 친구가 슬퍼하면 곁에 있어 주고 ○○해요.

예절 ④ 아무리 친한 친구라도 나와 의견이 다를 수 있기 때문에 다름을 이해해야 해요.

경 (ㅊ)
기 (ㅃ)
위 (ㄹ)
존 (ㅈ)

정답 : 경청, 기쁨, 위로, 존중

의 심

확실히 알 수 없어서   못하는 마음

'내 비밀을 다른 친구에게 말한 것 같은데….'

'의심이 병'이라는 속담을 알고 있나요?

쓸데없이 지나친 의심을 하면서 속을 태운다는 의미이지요.

의심은 나의 생각일 뿐이니 너무 고민하지 마세요.

생각해 봐요! 의심이 될 때에는 어떻게 해결할 수 있을까요?

정답 : 믿지

의심 "친구가 다른 친구에게 내 이야기를 한 것 같아요."

의심은 내 생각일 뿐입니다. 의심을 해결할 방법은 딱 하나! 직접 물어보는 것이지요. 물어볼 때는 아직 사실이 아니기 때문에 화를 내면 안 된답니다. 차분하게 사실대로 그 친구에게 물어보세요.

함께해 봐요!

예절 ① 내 친구가 잘못된 행동을 하지 않았으리라 생각해요.

예절 ② 의심스러워서 마음이 불편하다면 직접 물어보고 사실을 확인해요.

예절 ③ 의심이 되어 화를 냈다면 잘못된 행동이니 꼭 사과해요.

예절 ④ "야! 네가 그랬다며?" 직접 본 것이 아닌 들은 이야기로만 생각하면 크게 싸울 수 있으니 조심해야 해요.

믿 ㅇ

소 ㅌ

화 ㅎ

갈 ㄷ

정답 : 믿음, 소통, 화해, 갈등

의욕

무엇을 하고자 하는 (ㅈ)(ㄱ)(ㅈ)인 마음

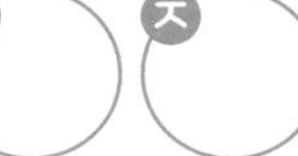
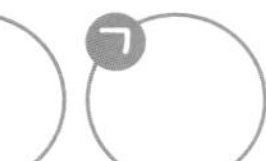

의욕은 사람의 발전에 아주 큰 원동력이 된답니다.
하지만 뭐든지 과한 것은 금물! 내 능력은 생각하지 않고
의욕만 앞서면 오히려 목표와 멀어지기 마련이랍니다.

생각해 봐요! 최근 의욕적으로 한 일은 무엇인가요? 없다면 지금 정해 보세요.

정답 : 적극적

의욕 "나는 항상 목표만 세우고 실천을 못 해요."

목표가 거창하면 실천하기 어렵답니다. 목표를 하루 단위로 나누어 세워 보는 건 어떨까요? 일 년 동안 책 1000권 읽기가 아니라 오늘 책 1권 읽기, 오늘 책 10장 읽기처럼 말이에요.

함께해 봐요!

관련 인성은?

예절 ① 다른 사람과 비교하지 않고, 내가 해낼 수 있는 목표를 설정해요.

예절 ② 일단 정한 목표라면 열심히 도전해요.

예절 ③ 작은 목표라도 해낸 자신을 응원해 줘요.

예절 ④ 내가 세운 목표를 가족이나 친구들에게 말하면 OOO이 생겨 실천하기 더 쉬워져요.

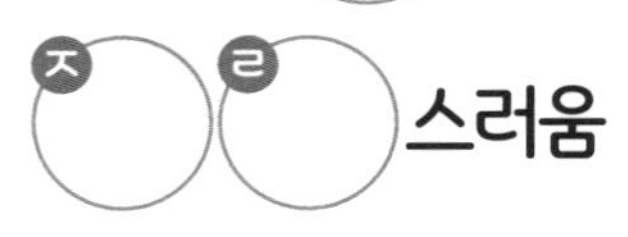

의지

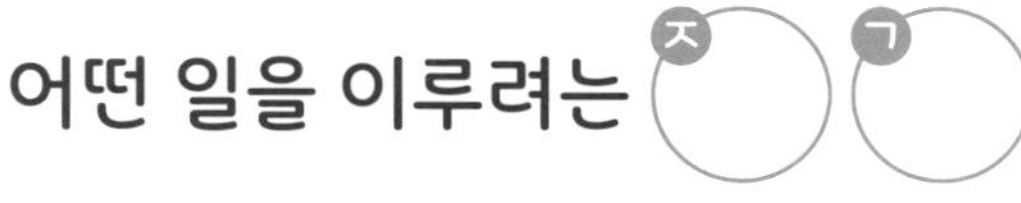

어떤 일을 이루려는 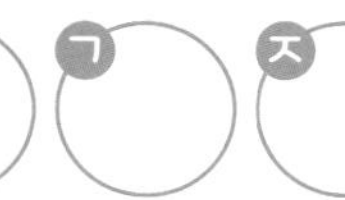 ㅈ  ㄱ  ㅈ 인 마음

"이번 여름 방학에는 2단 줄넘기 성공한다!"

무언가를 하고자 하는 의지가 있나요?

그럼 당신은 이미 반은 성공했답니다.

'의지는 마음을 움직이는 힘이다.'

- 에머슨(시인) -

생각해 봐요! 의지를 가지고 연습해서 성공했던 일에는 어떤 것이 있나요?

정답 : 적극적

의지 "잘하고 싶은 마음이 없어요."

너무 완벽만을 생각하고 있지 않나요? 목표가 높다면 의지가 사라지기 마련이랍니다. 목표를 낮춰 보세요. 처음부터 100점 맞기를 목표로 하기보다는 70점부터 시작해 보는 거죠. 목표를 잘게 쪼개서 여러 번 세운다면 성취할 때마다 뿌듯해서 의욕이 생길 거예요.

함께해 봐요!

예절 ① '처음 하는 건 무서워 안 할래.'가 아니라 해 보고 무서워해도 늦지 않아요.

예절 ② 열심히 도전하면 결과에 상관없이 뿌듯해요.

예절 ③ '수학 문제 30개 풀기'보다 '수학 문제 5개 풀기'로 목표를 정한다면 더 쉽게 도달할 수 있어요.

예절 ④ '또 실패라니···.' 슬퍼하지 말아요. 도전 자체가 멋있는 것이랍니다. 조금씩 꾸준히 도전해요.

관련 인성은?

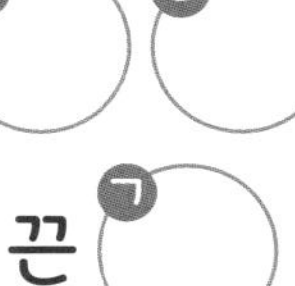

도 (ㅈ)

보 (ㄹ)

목 (ㅈ) (ㅇ) 식

끈 (ㄱ)

정답 : 도전, 보람, 목적의식, 끈기

이 해

다른 사람의 상황이나 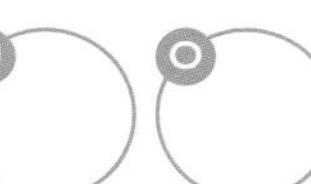 (ㅁ)(ㅇ) 을 잘 헤아려 너그러이 받아들임

"너는 그네를 타고 싶은 거지?
나는 미끄럼틀에서 놀고 싶은데···.
그럼 오늘은 그네 먼저 타자!"

사람 간의 관계에 있어서 이해는 아주 중요합니다.

공감, 배려, 위로, 인정, 존중 등은

모두 서로를 이해해야 할 수 있기 때문입니다.

생각해 봐요! 친구가 나의 마음을 이해하지 못했을 때 기분이 어땠나요?

정답 : 마음

이해 "친구가 내 물건을 만지면 화나요."

친구가 내 물건을 만지면 화나는 것은 자연스러운 감정입니다. 친구에게 화를 내지 말고 화나는 이유를 설명해 보세요. "네가 내 물건을 만지면 나는 기분이 나빠. 그만 만졌으면 좋겠어." 하고 차분히 설명한다면 서로를 이해할 수 있을 것입니다. 소통은 나와 친구를 모두 행복하게 만든답니다.

함께해 봐요!

관련 인성은?

예절 ① 화가 난다면 왜 화가 나는지, 내 행동이 다른 사람에게 피해를 주진 않았는지 생각해요.

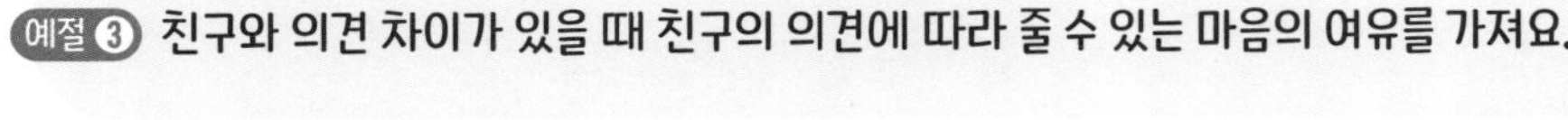

예절 ② 친구가 나와 다르다고 화를 내면 안 돼요. 서로의 차이를 이해하고 인정해야 해요.

예절 ③ 친구와 의견 차이가 있을 때 친구의 의견에 따라 줄 수 있는 마음의 여유를 가져요.

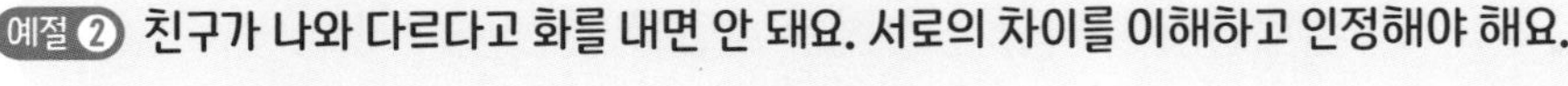

예절 ④ 친구와 의견 차이로 힘이 든다면 친구에게 솔직하게 이야기해요.

반 (ㅅ) ◯
존 (ㅈ) ◯
양 (ㅂ) ◯
소 (ㅌ) ◯

정답 : 반성, 존중, 양보, 소통

인 내

괴로움과 ○(ㅇ) ○(ㄹ) ○(ㅇ) 을 참고 견딤

"아야! 자전거를 배우고 있는데 맨날 넘어져요."

무엇이든 처음부터 잘하는 사람은 많지 않답니다.
다 실패를 인내하고 연습하는 시간을 거친 것이지요.
잘하지 못하는 시간을 인내하세요.
언젠간 잘하게 될 것이랍니다.

생각해 봐요! 내가 인내 끝에 해낸 것은 무엇인가요?

정답 : 어려움

인내 "수업 시간에 자꾸 딴짓을 하게 돼요."

수업 시간에 다른 게 하고 싶을 수도 있답니다. 그래도 인내하고 딴짓을 하지 않는 것이 멋진 학생이겠죠? 어렵겠지만 선생님 말씀에 귀 기울이도록 조금씩 연습해 보세요. 의외로 재미있는 것이 많답니다. 새로운 걸 알아 가는 건 덤!

함께해 봐요!

관련 인성은?

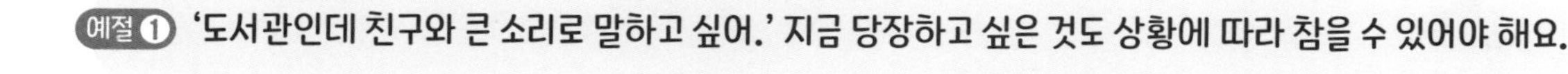

예절 ① '도서관인데 친구와 큰 소리로 말하고 싶어.' 지금 당장하고 싶은 것도 상황에 따라 참을 수 있어야 해요.

절 ㅈ ( )

예절 ② 수업 시간에 집중하여 선생님과 친구들의 이야기를 잘 들어요.

경 ㅊ ( )

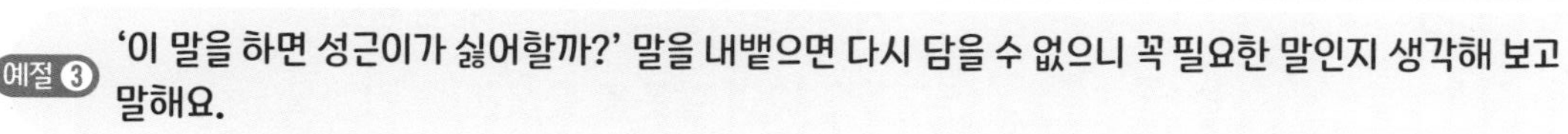

예절 ③ '이 말을 하면 성근이가 싫어할까?' 말을 내뱉으면 다시 담을 수 없으니 꼭 필요한 말인지 생각해 보고 말해요.

신 ㅈ ( )

예절 ④ '내가 지금 말하고 싶은데···.' 말하고 싶어도 친구의 말이 끝날 때까지 기다려요.

존 ㅈ ( )

정답 : 절제, 경청, 신중, 존중

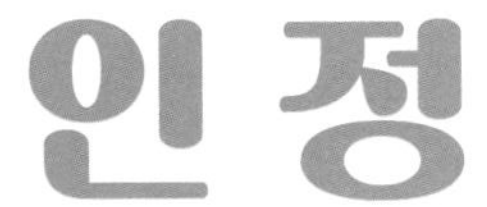

인 정

확실히 그렇다고 (ㅅ)(ㄱ) 함

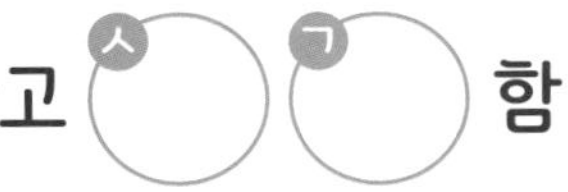
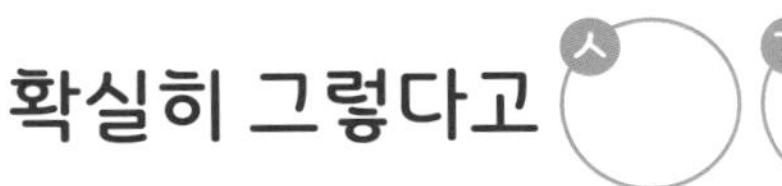

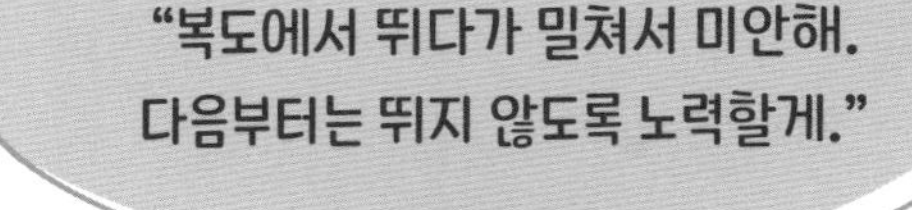

자신의 잘못을 인정하는 것에는 큰 용기가 필요하답니다.

먼저 자신의 잘못을 인정해 보세요.

친구들도 나의 잘못을 용서해 줄 거예요.

생각해 봐요! 내가 인정하지 못한 나의 잘못이 있는지 되돌아보세요.

정답 : 생각

인정 "다 같이 청소했는데 선생님이 친구만 칭찬해요."

내 노력을 몰라줄 때는 속상하기도 해요. 그런데 내가 하는 일은 칭찬받으려 하는 일이 아니라 모두 나를 위한 것이랍니다. 나의 청소 능력도 늘고! 친구들이 깨끗한 교실에서 공부할 수 있도록 도와줬으니까 뿌듯하고!

함께해 봐요!

예절 ① '내가 해냈어. 대단해!' 나 자신을 칭찬하고 사랑해 줘요.

예절 ② 다른 사람의 인정을 너무 많이 바란다면 나 스스로 행복해지기 힘들어요.

예절 ③ 내 잘못을 인정하는 것은 자신을 속이지 않는 멋진 행동이랍니다.

예절 ④ 내 잘못을 먼저 인정하고 사과하면 다시 친한 사이가 될 수 있어요.

관련 인성은?

자 (ㄱ)(ㅇ)

불 (ㅇ)

솔 (ㅈ)(ㅎ)

화 (ㅎ)

정답 : 자기애, 불안, 솔직함, 화해

자 기 애

자기에 대한 (ㅅ)(ㄹ)

"이번 그림은 정말 잘 그린 것 같아! 역시 나야~."

나 자신을 칭찬해 주세요. 자기애는 나를 더욱 자신 있게 만들어 준답니다.
하지만 너무 나만 사랑한다면 친구들과의 관계가 무너지겠죠?
나를 사랑하는 만큼 친구들도 존중하기! 약속!

생각해 봐요! '난 정말 멋져! 최고야.'라고 느꼈던 경험을 이야기해 봅시다.

정답 : 사랑

자기애

“그림을 잘 그린 것 같은데 선생님께 칭찬받지 못해서 속상해요.”

다른 사람의 칭찬을 통해서만 나의 능력을 확인할 수 있는 건 아니랍니다. 나의 능력을 믿고 자신감을 가지세요. 충분히 잘하고 있으니까요! 나 스스로 만족하고 칭찬해 주면서 자기애를 키워 봅시다.

함께해 봐요!

예절 ① 다른 사람의 인정을 기다리지 말고 먼저 스스로 ‘정말 잘했어.’ 하며 나 자신을 ○○해 줘요.

예절 ② “이건 진짜 잘 만든 것 같아!” 나의 실력을 의심하지 말고 ○○적으로 생각해요.

예절 ③ 자기애가 너무 커져서 자랑만 하면 친구들이 싫어할 수 있어요.

예절 ④ 못하는 것도 있고 잘하는 것도 있는 나를 존중하고 사랑해 줘요.

관련 인성은?

칭 (ㅊ)( )

긍 (ㅈ)( )

겸 (ㅅ)( )

자 (ㅈ)( ) (ㄱ)( )

정답 : 칭찬, 긍정, 겸손, 자존감

남에게 드러내어 (ㅃ)(ㄴ) 만한 것이 있음

"시험 점수는 낮지만 그래도 열심히 한 내가 자랑스럽다!"

내가 열심히 했다면 결과는 상관없답니다.

열심히 한 만큼 또 부쩍 성장할 테니까요.

오늘도 열심히 한 나! 자랑스럽다! 칭찬해 줄까요?

생각해 봐요! 내 자신이 가장 자랑스러웠던 순간은 언제였나요?

정답 : 뽐낼

자랑스러움

“동생이 상을 받아 자랑스러운데 표현하지 못하겠어요.”

가까운 사이일수록 칭찬하기 어렵답니다. “우와! 이 상 받기 어려운데, 대단하다!” 간단한 말도 좋고 환한 미소, 엄지 척! 행동으로도 표현할 수 있답니다. 기쁨은 나눌수록 배가 되니 꼭 자랑스러운 마음을 표현하세요!

함께해 봐요!

예절 ① “정말 대단해!” 좋은 일은 꼭 말로 표현해요. 함께 나누면 행복이 두 배가 돼요.

예절 ② “난 항상 내가 자랑스러워!” 자신에 대한 OOO을 가져요.

예절 ③ 내가 잘하는 것에 대한 자부심을 가지고 멋있게, 당당하게 행동해요.

예절 ④ “내가 너보다 더 잘해!” 자랑을 넘어선 말과 행동은 친구들이 싫어해요.

관련 인성은?

기 (ㅃ)

자 (ㅂ) (ㅅ)

자 (ㅅ) (ㄱ)

겸 (ㅅ)

정답 : 기쁨, 자부심, 자신감, 겸손

자신이나 자신과 관련되어 있는 것들을   스럽게 여기는 마음

"한글은 세계에서 과학적인 글자로 인정받아.
우리 한글에 자부심을 느껴."

나 자신에게도 자부심을 느끼지만, 한글이나 김치처럼
우리나라와 관련된 것들에도 자부심을 느낄 수 있답니다.
소중한 우리의 문화를 지켜 나가도록 합시다.

생각해 봐요! 다른 가족과는 다른 우리 가족만의 자랑거리를 이야기해 봅시다.

정답 : 자랑

자부심

"달리기에 자부심이 있었는데 이번에 달리기를 하다가 넘어져서 창피해요."

원숭이도 나무에서 떨어질 때가 있는 법! 내가 잘하는 것이라도 가끔 실수할 때가 있답니다. 원래 내 실수는 크게 느껴지지만, 다른 사람의 실수는 금방 잊는 법이랍니다. 친구들은 금방 잊을 테니 걱정하지 말고 달리기를 더욱 잘할 수 있도록 연습해 봅시다.

함께해 봐요!

관련 인성은?

예절 ① '나는 줄넘기왕인데···. 오늘은 실수할 거 같으니까 안 할래.' 실수가 두려워 OO하지 않는다면 성장할 수 없어요.

도 

예절 ② 자부심이 있을수록 자랑하지 않고 OO해야 해요. 다른 사람의 능력도 존중해요.

겸 

예절 ③ 자부심을 느낀다고 만족할 것이 아니라 더 나은 나를 위해 계속 노력해요.

발 

예절 ④ 친구가 잘하는 것을 찾아 OO해 줘요. 친구의 자부심도 쑥쑥 커질 거에요.

칭 

정답 : 도전, 겸손, 발전, 칭찬

자신감

어떤 일을 꼭 해낼 수 있다고 ㅁㅇ

"나는 춤을 잘 춰. 잘 봐!"

자신감을 가지고 임하는 태도는 참 멋져요.

내가 잘하는 것을 부끄러워하지 말고 뽐내 보세요.

'자신의 능력을 감추지 마라. 재능은 쓰라고 주어진 것이다.'

- 벤자민 프랭클린(정치인) -

생각해 봐요! 자신감을 얻기 위해 자신에게 해 주고 싶은 응원의 말 세 가지를 이야기해 봅시다.

정답 : 믿음

자신감

"줄넘기 연습을 많이 했는데 시험 중에 줄에 걸려서 자신감이 떨어졌어요."

평소 연습을 많이 한 활동도 시험 중에는 긴장해서 망칠 때가 있답니다. 하지만 나의 노력은 사라지지 않는 것! 내가 열심히 노력한 것을 내가 알고 있으니 나를 칭찬해 주세요. 다음 시험 때 잘하면 되죠!

함께해 봐요!

관련 인성은?

예절 ① "난 못할 것 같아. 안 할래." 해 보지도 않고 포기부터 하지 않기!

용 ㄱ( )

예절 ② "내가 잘하든 못하든 일단 해 보겠어!" 이렇게 자신감을 가지고 행동해요.

도 ㅈ( )

예절 ③ 무엇을 하든 처음 시도하는 것에 자신감을 가지고 도전하다 보면 성공할 수 있어요.

성 ㅊ( )

예절 ④ 무엇을 하든 자신감은 물론 꾸준함도 중요하답니다.

성 ㅅ( )

정답 : 용기, 도전, 성취, 성실

자연 보호

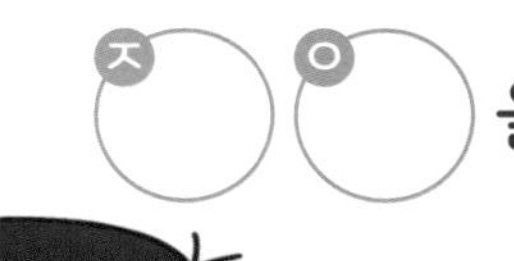

을 잘 지켜 원래대로 보존되게 함

"물을 아껴 쓰도록 합시다!"

우리가 살고 있는 지구는 사람들의
잘못된 행동으로 오염되고 있답니다.
나 먼저 자연 보호에 앞장서 봅시다.
작은 노력이 큰 변화를 불러일으킨답니다.

생각해 봐요! 자연 보호를 위해 내가 실천할 수 있는 일 세 가지를 말해 봅시다.

정답 : 자연

자연 보호

"귀찮은데 쓰레기 분리배출을 해야 할까요?"

분리배출은 귀찮더라도 자연 보호를 위해서 꼭 해야 하는 일이랍니다. 마치 양치하기, 샤워하기처럼 말이죠. 나 하나쯤이야 하는 생각을 모두가 한다면 지구는 어떻게 될까요? 지구를 위해서, 그 지구에서 살 우리를 위해서 분리배출을 꼭 합시다.

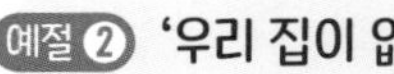

함께해 봐요!

관련 인성은?

예절 ① 환경 오염으로 깨끗한 물을 사용하기 어려운 나라를 생각하며 물을 아껴 써요.

예절 ② '우리 집이 없다면 어떨까?' 북극곰의 집을 지켜 줘요.

예절 ③ 다른 사람과 비교하지 말고 나 먼저 올바르게 분리배출을 해요.

예절 ④ 생각만 하지 말고 직접 행동해요.

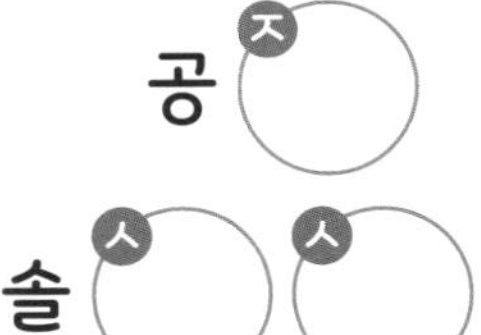

공 (ㄱ)

공 (ㅈ)

솔 (ㅅ) (ㅅ) 범

실 (ㅊ)

정답 : 공감, 공존, 솔선수범, 실천

자유

다른 것에 얽매이지 않고 자기 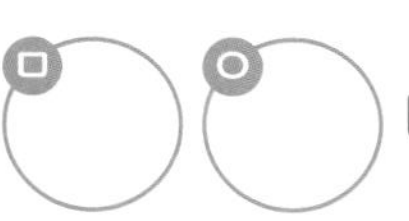 ㅁ ○ ○ 대로 할 수 있는 상태

"와~. 자유 시간이다! 얼음땡 할 사람?"

자유란 내 마음대로 행동할 수 있는 상태를 말합니다.
하지만 자유라고 해서 모든 것을 할 수 있는 것은 아니랍니다.
다른 사람의 자유를 방해하지 않는 선에서 해야 한다는 사실!
꼭 기억하기!

생각해 봐요! 나에게 하루 동안 자유가 주어진다면 무엇을 하고 싶나요?

정답 : 마음

자유 "나는 발레 학원에 가고 싶은데 부모님은 태권도 학원에 가래요."

부모님과 나의 의견이 달라 고민이군요. 우리는 아직 어리기 때문에 올바른 결정을 못 내릴 수도 있답니다. 부모님의 의견과 그 이유를 들어 보세요. 또 나의 의견도 정확하게 전달해 보세요. 대화 과정에서 더 좋은 방안이 나올 수도 있답니다.

함께해 봐요!

관련 인성은?

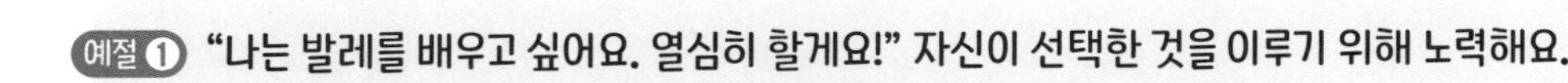

예절 ① "나는 발레를 배우고 싶어요. 열심히 할게요!" 자신이 선택한 것을 이루기 위해 노력해요.

예절 ② '내가 한 선택이 맞나?' 고민이 될 때에는 친구나 부모님의 의견을 듣고 다시 생각해요.

예절 ③ "내가 얼음땡 하자고 했잖아!" 내 말대로 하지 않는다고 화내면 안 됩니다. 내 자유가 중요한 만큼 다른 사람의 자유도 중요해요.

예절 ④ 내가 평소 잘 못했던 것을 자유 시간에 연습해서 실력을 키워 나가요.

책 ㅇ ◯

경 ㅊ ◯

존 ㅈ ◯

발 ㅈ ◯

정답 : 책임, 경청, 존중, 발전

자율

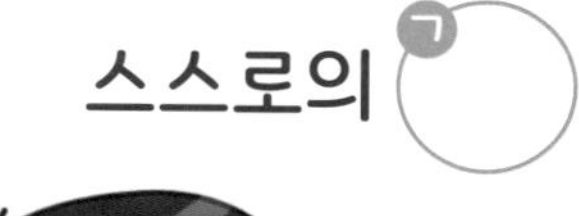

스스로의 ㄱ( ) ㅊ( ) 에 따라 어떤 일을 하는 것

"좋았어! 지금부터 숙제하고, 다 하면 텔레비전 봐야지~."

스스로 규칙을 정해 행동하면 다른 사람이 시켜서 할 때보다 더욱 성장할 수 있답니다. 하지만 자율에는 언제나 책임이 따른다는 사실! 내가 생각한 규칙이 나에게, 모두에게 도움이 되는지 생각해 보세요.

생각해 봐요! 양치하기, 책 읽기 등 매일 자율적으로 하는 일이 있나요?

정답 : 규칙

자율 "나는 게임을 세 시간씩 하기로 정했는데 부모님께서 못 하게 해요."

게임을 세 시간씩 한다면 몸과 마음에 좋지 않은 영향을 끼치겠죠? 자율은 내가 바른길로 성장할 수 있도록 도와주지만, 반대로 성장하지 못하고 멈춰버리게도 한답니다. 아직 자율을 바르게 누릴 수 없다면 부모님의 말씀을 따르는 것이 좋습니다.

함께해 봐요!

관련 인성은 ?

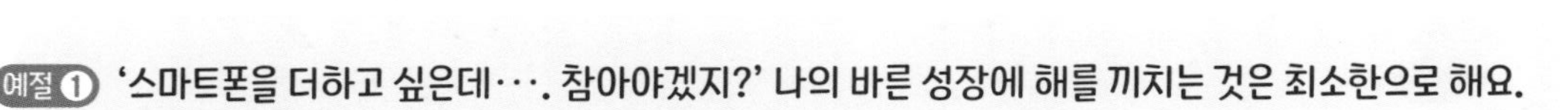

예절 ① '스마트폰을 더하고 싶은데···. 참아야겠지?' 나의 바른 성장에 해를 끼치는 것은 최소한으로 해요.

예절 ② 내 생각과 다른 의견을 가진 사람의 의견을 잘 들어 보고, 내가 정한 규칙이 나에게 도움이 되는지 판단해요.

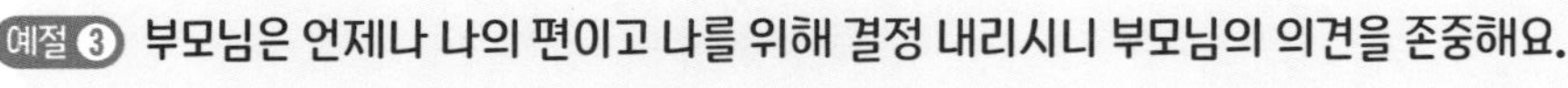

예절 ③ 부모님은 언제나 나의 편이고 나를 위해 결정 내리시니 부모님의 의견을 존중해요.

예절 ④ '이건 내 힘으로 해낸 거야!' 자율을 통해 스스로 해내면 더욱 ○○할 수 있어요.

절 (ㅈ)

경 (ㅊ)

믿 (ㅇ)

발 (ㅈ)

정답 : 절제, 경청, 믿음, 발전

자존감

스스로를 소중히 대하며 자기를  ㅈ( ) ㅈ( ) 하는 마음

"나는 수학을 잘 못하고, 체육을 잘해.
사람마다 잘하는 게 다르니까 괜찮아!"

다른 사람의 인정을 바라지 말고 나 스스로를 인정해 주세요.

잘하면 잘한 대로! 못하면 못한 대로! 그게 바로 나!

'스스로 존경하면 다른 사람도 당신을 존경할 것이다.'

- 공자(철학자) -

생각해 봐요! 내가 잘하는 것과 잘 못하는 것을 하나씩 이야기해 봅시다.

정답 : 존중

자존감 "나는 우리 반에서 외모도 꼴등, 공부도 꼴등인 것 같아 부끄러워요."

공부나 외모는 중요하지 않아요. 다른 사람들과 비교하지 말고 자신만의 빛을 발견하세요. 자신의 능력을 믿고 용기 내어 도전하면 다른 사람들도 나만의 빛을 알게 될 거랍니다.

함께해 봐요!

관련 인성은?

예절 ① 모든 것을 다 잘해야만 하는 것은 아니에요. 천천히 해 나간다고 생각해요.

예절 ② '잘 못해도 괜찮아. 도전해 볼까?' 나를 이해하면 뭐든 더욱 열심히 하게 돼요.

예절 ③ '저 친구는 저만큼이나 하는데···.' 다른 사람과 비교하지 말고 나의 속도에 맞춰 천천히 해 나가요.

예절 ④ 힘들게 이뤄낸 것일수록 더욱 뿌듯해요.

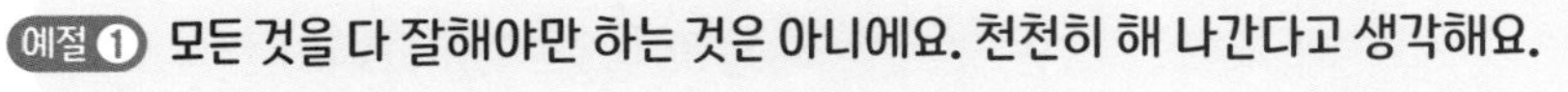

여 (ㅇ)

적 (ㄱ)

소 (ㅅ)

성 (ㅊ)

정답 : 여유, 적극, 소신, 성취

적 극

어떤 것에 긍정적이고 스스로 (ㅇ)(ㅅ)(ㅎ) 함

내가 하는 모든 것에는 배움과 성장이 있답니다.

이왕 하는 것이라면 적극적으로 임하세요.

더 큰 성장과 기쁨이 있을 테니까요.

'어디를 가든지 마음을 다해 가라.'

– 공자(철학자) –

생각해 봐요! 나는 어떤 일에 적극적으로 참여하고 있나요?

정답 : 열심히

적극 "음악 시간에 노래를 불러야 하나요? 하기 싫어요!"

무슨 일을 하기 싫을 때에는 그것이 나에게 해가 되는 행동인지를 생각해 보세요. 노래를 부르는 것이 나에게 해가 되나요? 아니죠. 오히려 노래를 자신 있고 재미있게 부른다면 성격도 긍정적으로 변해서 나에게 도움이 된답니다. 내가 잘 못해서, 자신이 없어서 안 하는 건 아닌가요? 적극적으로 도전하여 실력을 키워 나가요.

함께해 봐요!

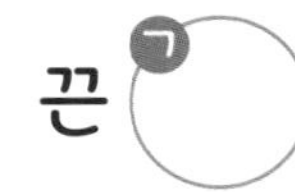

예절 ① 뭐든 적극적으로 도전하다 보면 내가 할 수 있는 것이 늘어나고 능력이 길러져요.

예절 ② 어려운 것도 꾸준히 적극적으로 연습하면 할 수 있게 돼요.

예절 ③ '못해도 괜찮지 뭐! 도전하는 게 멋있는 거야.' 고운 말로 나를 응원해 줘요.

예절 ④ "제가 할게요!" 다른 친구들이 안 하려고 할 때 멋있게 먼저 손들어요.

관련 인성은?

성 (ㅈ)

끈 (ㄱ)

긍 (ㅈ)

솔 (ㅅ) (ㅅ) 범

정답 : 성장, 끈기, 긍정, 솔선수범

절 약

함부로 쓰지 않고 꼭 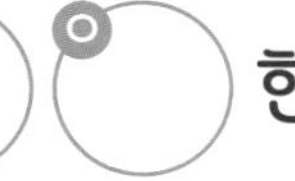 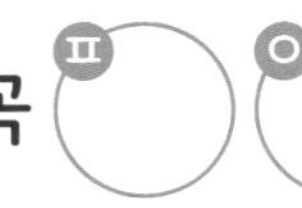 한 곳에만 써서 아낌

"용돈 받았다! 어떻게 쓸지 계획을 세워 볼까?"

돈, 시간, 전기 등 한정적인 자원은 절약하여 사용해야 합니다.

세 살 버릇 여든까지!

낭비하지 않도록 어릴 때부터 연습하면 좋겠죠?

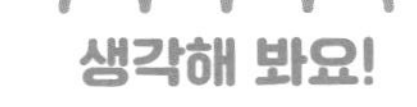

생각해 봐요! 내가 절약하고자 노력하고 있는 것에는 무엇이 있나요? (용돈, 물, 전기, 시간 등)

정답 : 필요

청년의 날 (9월 세 번째 토요일)

ㅊ ㄴ 문제에 대한 관심을 높이기 위해 제정한 기념일

※ 청년: 신체적·정신적으로 한창 성장하거나 무르익은 시기에 있는 사람

(만 19세 이상 만 34세 이하인 사람)

여러분은 모두 나이를 먹으면 청년이 됩니다.
훗날 어떤 청년이 될지 고민해 보고,
좋은 청년이 될 수 있도록 노력해 봅시다.
노력을 꾸준히 한 사람은 자신이 원하고 바라는 꿈에
더 가까워질 수 있답니다.

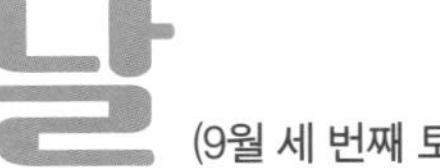

생각해 봐요! 청년이 되면 하고 싶은 것은 무엇인가요?

정답 : 청년

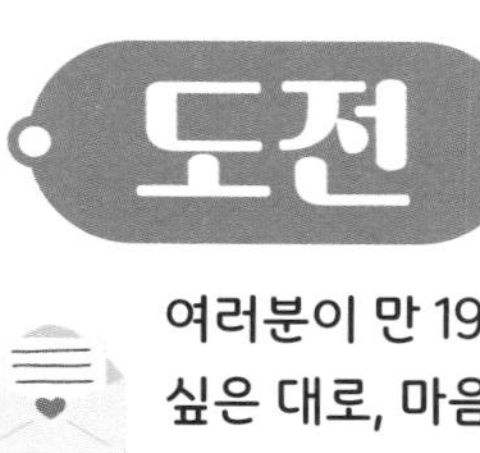

도전 "청년이 되면 뭐든지 마음대로 할 수 있는 건가요?"

여러분이 만 19세가 넘으면 청년이 됩니다. 청소년기를 넘어 성인이 되면 여러분에게 더 많은 자유가 주어집니다. 하지만 하고 싶은 대로, 마음대로 할 수는 없습니다. 자신이 책임을 질 수 있는지 잘 생각해 보며 더욱 신중하게 행동해야 합니다. 부모님의 곁을 떠나 혼자 마음대로 살아가기보다는 부모님께 삶의 지혜가 담긴 조언을 잘 들으며 행동하기 바랍니다.

함께해 봐요!

관련 인성은?

예절 ① "성인이 되어도 내가 하는 행동에 대해 OO을 생각하며 올바른 몸가짐을 가져야 하는구나!"

예절 ② "청년이 되면 내가 꿈꿔왔던 것을 OO롭게 마음껏 펼칠 거야!"

예절 ③ "자신의 꿈을 향해 열심히 공부하고 노력하면 나는 어떤 사람이든 될 수 있어."

예절 ④ 지금의 나보다 내일의 내가 더 멋진 사람이 될 수 있도록 항상 최선을 다해 노력해요.

책 ㅇ

자 ㅇ

희 ㅁ

열 ㅈ

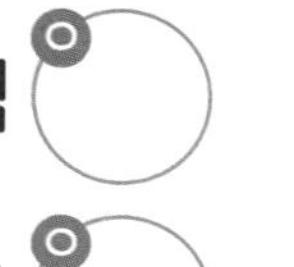

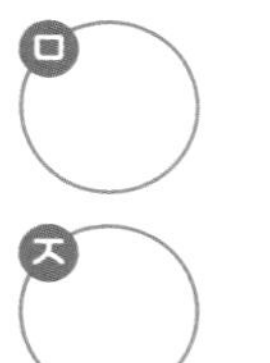

정답 : 책임, 자유, 희망, 열정

절약 "숙제를 계속 미루게 돼요."

한정적인 시간 자원을 낭비하고 있군요! 시간도 우리가 절약해야 하는 대상이랍니다. 꼭 해야 할 일을 적어 보고, 어떤 시간에 무엇을 할지 계획표를 만들어 보세요. 할 일을 다 끝내고 놀면 더욱 재미있답니다.

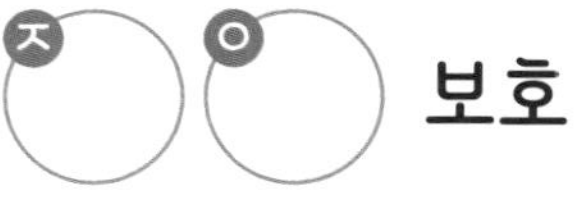

함께해 봐요!

예절 ① 게임을 먼저 하고 싶어도 꾹 참고 숙제를 먼저 해요.

예절 ② 시간을 절약하기 위해 나 스스로 규칙을 세워요.

예절 ③ 씻을 때 물을 절약해서 낭비하지 않는다면 자연을 지킬 수 있어요.

예절 ④ 절약해서 모은 용돈으로 갖고 싶은 것을 사면 기쁨이 두 배!

관련 인성은?

절 (ㅈ)

자 (ㅇ)

(ㅈ) (ㅇ) 보호

행 (ㅂ)

정답 : 절제, 자율, 자연 보호, 행복

절 제

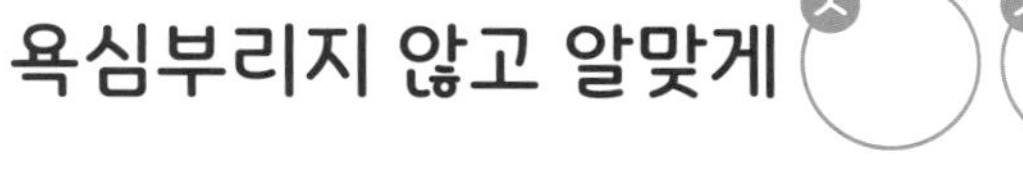

욕심부리지 않고 알맞게 ㅈ○ ㅈ○ 하여 제한함

"오늘은 여기까지!"

스마트폰 게임은 왜 이리 재미있을까!

하루 종일 하고 싶은 생각이 들죠?

하지만 뭐든 지나친 것은 좋지 않습니다.

적당히 하고 그만두는 습관을 길러 보세요.

생각해 봐요! 절제하려고 노력하는 것에는 무엇이 있나요?

정답 : 조절

절제

"나도 다른 반 친구처럼 복도에서 뛰고 싶은데 선생님께 혼날 것 같아요."

재미있어 보인다고 해서 무조건 따라 하는 것은 안 돼요. 먼저 그 행동이 옳은지를 잘 판단해야 합니다. 하고 싶다고 아무 때나 하는 것은 다른 사람을 존중하지 않는 행동이랍니다. 복도에서 뛴다면 다른 친구들이 다칠 수도 있어요. 이런 행동은 혼나는 것과 상관없이 절제하도록 합시다.

함께해 봐요!

관련 인성은?

예절 ① 우리 모두 복도 예절을 지킨다면 ○○하게 학교에 다닐 수 있어요.

안 ㅈ ◯

예절 ② 수업 시간에 말하고 싶어도 절제하며 친구들의 배움을 방해하지 않아요.

배 ㄹ ◯

예절 ③ '지난번에 분홍 필통 샀으니까 이번 파란 필통은 사지 말아야겠다.' 갖고 싶은 물건이 있어도 때로는 절제할 수 있어야 해요.

절 ㅇ ◯

예절 ④ 화가 나도 감정을 절제하고, 화가 나는 이유를 부모님께 공손히 이야기하는 어린이가 됩시다.

예 ㅇ ◯

정답 : 안전, 배려, 절약, 예의

정 돈

어지럽게 흩어진 것을 가지런히 (ㅈ)(ㄹ) 함

"가지런히 정리하면 마음도 깨끗해진 기분이에요."

여러분은 정돈을 잘하나요?

때로는 정리하는 것이 귀찮을 수 있지만,

습관을 들이면 이보다 쉬운 일은 없을 거예요.

뿌듯함은 기본! 부모님의 칭찬은 덤! 지금 바로 정돈! 시작해 볼까요?

생각해 봐요! 집에서 정리할 곳을 찾아 지금 정돈해 봅시다.

정답 : 정리

정돈 "어차피 내일 또 가지고 놀 건데 지금 정리해야 하나요?"

물건이 어지럽게 펼쳐져 있으면 위험할 수 있답니다. 그리고 내가 찾고 싶은 물건을 찾는 데 오래 걸리겠죠. 정돈을 잘하는 사람은 몸과 마음도 잘 정돈되어 다른 일에도 잘 집중할 수 있답니다.

함께해 봐요!

예절 ① "오늘은 여기까지! 이제 청소해야겠다!" 내가 가지고 놀았으면 스스로 정리해요.

예절 ② "우와, 내가 다 치웠어. 역시 나는 대단한데!" 스스로 깨끗하게 치워서 뿌듯해요.

예절 ③ 깨끗이 정리하면 병균이 생기는 것을 막을 수 있어요.

예절 ④ 친구와 함께 어지른 것은 힘을 합쳐서 치워요. 친구가 하지 않아도 내가 먼저 나서서 치우려고 노력해요.

관련 인성은?

책 (ㅇ)

성 (ㅊ)

청 (ㄱ)

솔 (ㅅ) (ㅅ) 범

정답 : 책임, 성취, 청결, 솔선수범

정 성

온갖 힘을 다하려는 진실하고 (ㅅ)(ㅅ) 한 마음

"이 로봇을 멋있게 만들려고 여름 방학 내내 공들였어.
지금부터 넌 내 보물 1호다!"

공든 탑이 무너지랴!

정성을 다한 일은 반드시 좋은 결과를 얻는답니다.

또 정성을 다했다면 결과에 상관없이 뿌듯할 거예요!

생각해 봐요! 최근 정성 들여 한 일은 무엇인가요?

정답 : 성실

정성

"친구가 정성 들여 그린 그림을 제가 팔로 쳐서 망쳤어요."

이런, 친구는 참 속상하겠어요. 일부러 그런 것은 아니지만 실수를 한 만큼 책임을 져야 합니다. "네가 열심히 그렸는데 정말 미안해." 하며 진심으로 사과하고, "다시 그리는 데 도와줄게."라고 말하면서 책임을 지도록 합니다. 미안한 마음과 책임지려는 태도를 보이면 친구도 용서해 줄 거예요.

함께해 봐요!

예절 ① 일부러 그런 것이 아니라도 친구에게 피해를 줬다면 해결하도록 노력해요.

예절 ② 무엇이든 대충했다가는 일을 망치기 쉬우니 정성 들여 임해요.

예절 ③ 때로는 정성 들인 일이 잘 안 돼서 슬플 수도 있어요.

예절 ④ 정성 들인 일은 언젠간 빛을 보니 잘 안 되더라고 꾸준히 노력해요.

관련 인성은?

책 ㅇ ◯

열 ㅈ ◯

좌 ㅈ ◯

끈 ㄱ ◯

정답 : 책임, 열정, 좌절, 끈기

정 의

모든 사람이 올바르게 생각하고 (ㅎ)(ㄷ) 해야 하는 길

바른말을 하는 것이 어려울 때가 있습니다.
그래도 용기 가지기! 용기를 갖고 임한다면 다른 친구들도
나의 행동을 보고 정의롭게 행동할 거예요.

생각해 봐요! 우리 반에서 정의로운 행동을 하는 친구는 누구인가요?

정답 : 행동

국군의 날

한국군의 전투력을 ㅈ( ) ㄹ( ) 하고, 국군 장병의 사기를 높이기 위하여 지정된 기념일

※ 사기: 의욕이나 자신감 따위로 충만하여 굽힐 줄 모르는 기세

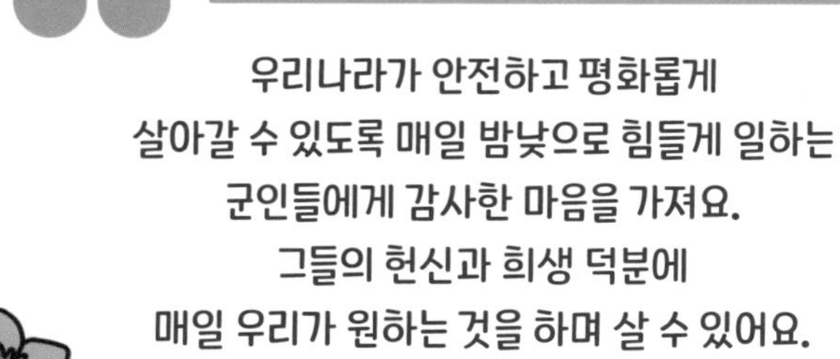

우리나라가 안전하고 평화롭게
살아갈 수 있도록 매일 밤낮으로 힘들게 일하는
군인들에게 감사한 마음을 가져요.
그들의 헌신과 희생 덕분에
매일 우리가 원하는 것을 하며 살 수 있어요.

생각해 봐요!

어떤 말로 군인에게 감사한 마음을 전할 수 있을까요?

정답 : 자랑

오늘 인성

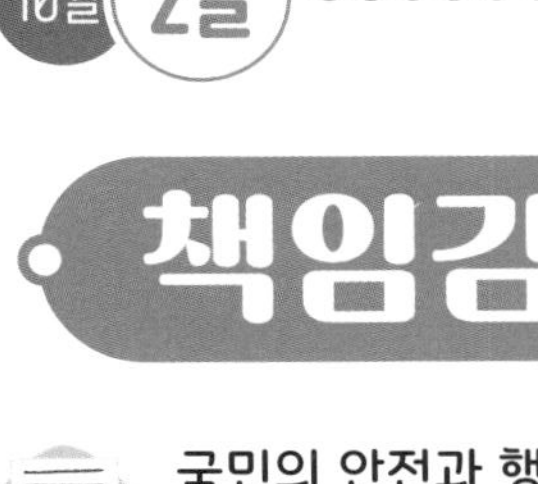

책임감 "만약 군인이 없다면 어떻게 될까?"

국민의 안전과 행복을 위해 헌신하는 군인이 없다면 우리는 평화롭게 살지 못합니다. 아마도 나라를 이미 빼앗겨 다른 나라의 지배를 받고 있을지도 모릅니다. 나라의 영토를 지키는 군인이 있기에 다른 나라가 우리나라에 쳐들어오지 못 하는 것입니다.

함께해 봐요!

관련 인성은 ?

예절 ① "군인의 OO정신에 감사드려요." 감사한 마음을 담아 편지를 써요.

예절 ② "TV 속 나라를 지키는 군인을 보면 용감하고 멋져요."

예절 ③ "내가 OO하게 생활할 수 있는 것은 나라를 지키는 군인 덕분이야."

예절 ④ 군사적으로 OO 상태에 있는 남한과 북한 사이에서 군인이 있기에 평화를 지킬 수 있습니다.

정답 : 희생, 믿음직함, 편안, 긴장

정의 "친한 친구가 잘못한 걸 봤어요. 못 본 척해야 할까요?"

잘못은 잘못이랍니다. 이른다기보다 먼저 그 친구한테 사실대로 말하는 건 어떨까요? "네가 잘못한 거니까 먼저 해결해 보는 건 어때?" 그 친구도 자신의 잘못에 마음이 불편할 테니 옆에서 해결할 수 있도록 도와주는 것도 좋습니다.

함께해 봐요!

예절 ① 아무리 친한 친구라도 잘못한 게 있다면 사실대로 말하고 친구가 해결할 수 있도록 도와줘요.

예절 ② 먼저 정의롭게 행동한다면 친구들도 내 행동을 따라 할 거예요.

예절 ③ "그건 엄마 말이 맞아. 내가 잘못했어." 올바른 말은 받아들이고 따르는 멋진 어린이가 됩시다.

예절 ④ 친한 친구에게만 하는 것이 아니라 모든 사람에게 똑같이 정의롭게 행동해요.

관련 인성은?

용 (ㄱ)

솔 (ㅅ) (ㅅ) 범

인 (ㅈ)

공 (ㅈ)

정답 : 용기, 솔선수범, 인정, 공정

정 정 당 당

태도나 방법이 올바르고    함

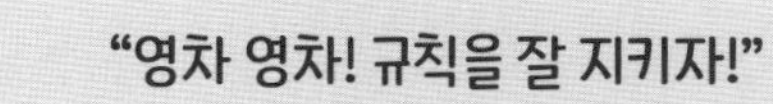

누구나 1등을 원한답니다.

하지만 이기는 것보다 중요한 것은 정정당당하게 임하기!

정정당당하게 임하지 않았다면

그 승리 또한 정당하지 않게 된답니다.

생각해 봐요!  세상 사람 모두가 정정당당하지 않다면 이 세상은 어떻게 될까요?

정답 : 떳떳

정정당당 "친구가 게임에서 규칙을 어기고 이겼어요."

참 억울하겠군요. 그 친구도 가짜로 따낸 승리이니 그렇게 기쁘지 않을 거예요. 이번 게임은 잊어버리고, "우리 다음부터는 규칙을 잘 지키며 게임을 하자!"라고 말해 보세요.

함께해 봐요!

예절 ① 정해진 게임 규칙을 잘 따라야 게임이 더 재미있어요.

예절 ② 친구가 규칙을 어기지 않았다고 말하면 사실일 수도 있으니, '그렇구나.' 생각하고 다시 게임에 열심히 참여해요.

예절 ③ 게임은 이기려고 하는 것이 아니라 즐기려고 하는 것이니 결과에 상관없이 함께 즐겨요.

예절 ④ 거짓 없이 정정당당하게 해낸 결과라서 더욱더 뿌듯해요.

관련 인성은?

정답 : 준수, 너그러움, 행복, 성취

정 직

마음에 거짓이나 꾸밈이 없이 (ㅂ)(ㄹ)(ㄱ) 곧음

"선생님! 저도 복도에서 같이 뛰었어요."

정직한 사람은 거짓말하지 않고, 속임수를 쓰지 않습니다.
그렇기 때문에 모든 사람에게 신뢰받고 존경의 대상이 돼죠.
또한, 나 스스로 믿을 수 있기에 자존감이 올라간답니다.
지금부터라도 정직함을 실천해 보세요.

생각해 봐요! 정직한 사람이 되기 위해 실천할 것에는 어떤 것이 있을까요?

정답: 바르고

정직 "엄마한테 혼날까 봐 거짓말을 했어요."

두려움이 앞서면 정직하지 못한 행동을 할 수도 있답니다. 하지만 사실은 밝혀지기 마련이고, 거짓말은 상대방을 무시하는 행동이니 더 좋지 않은 결과로 이어져요. 정직하게 말씀드리고 잘못을 인정하는 것이 더 멋있고 좋은 방법이랍니다.

함께해 봐요!

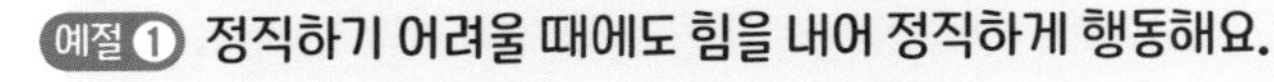

예절 ① 정직하기 어려울 때에도 힘을 내어 정직하게 행동해요.

예절 ② 거짓말은 상대방을 무시하는 행동이니 하지 않아요.

예절 ③ '그때 사실대로 말했어야 하는 건데···.' 정직하지 못한 행동은 OO만 남으니 정직하게 행동해요.

예절 ④ 정직은 누가 시켜서 하는 게 아니라 스스로 실천하는 거예요.

용

존

후

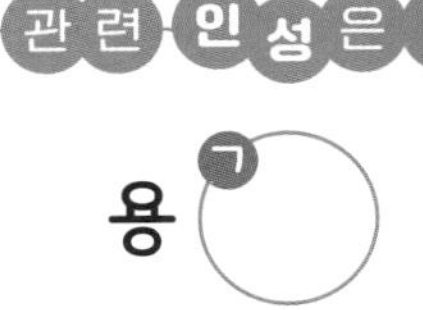

자

정답 : 용기, 존중, 후회, 자율

존경

다른 사람의 성격, 생각, 행동 등을 우러르고 (ㄱ)(ㄱ) 함

"제가 존경하는 사람은 이순신 장군입니다.
힘든 상황을 두려워하지 않고 나라를 위해 힘쓰셨기 때문입니다."

존경하는 사람을 정해 그 모습을 배운다면
나도 존경받는 사람이 될 수 있답니다.
꾸준히 자신의 일을 하는 사람, 약속을 잘 지키는 사람,
예의 바른 사람 등등 주위를 둘러보세요!

생각해 봐요! 내가 존경하는 사람은 누구이며, 존경하는 이유는 무엇인가요?

정답 : 공경

한글날

한글을 만들어 세상에 펴낸 것을 기념하고, 우리 글자 한글의 ㅇ◯ㅅ◯ㅅ◯을 기리기 위한 국경일

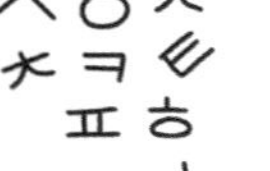

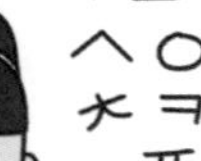
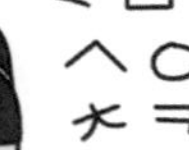
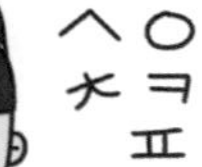
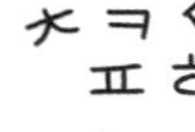

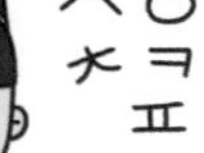
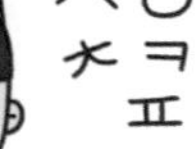

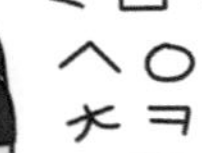
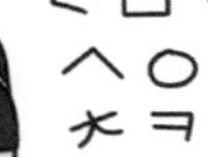

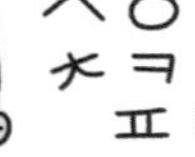

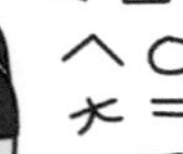

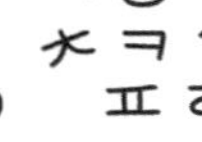

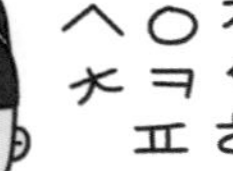

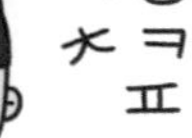
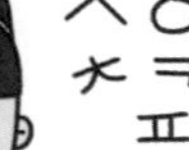

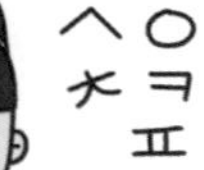
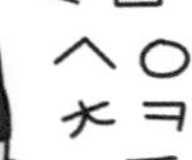

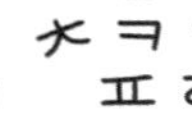

한글날은 한글을 사랑하고 기념하는 날이에요.
한글은 세종대왕이 우리나라 사람들이 쉽게 읽고 쓸 수 있도록 만드신 글자예요. 아름다운 한글을 소중한 마음으로 사용하세요.

생각해 봐요! 세종대왕은 어떤 마음에서 한글을 만드셨을까요?

정답 : 우수성

자랑스러움 "만약 한글이 없었다면?"

세종대왕 덕분에 우리는 한글을 사용하고 있어요. 하지만 만약 한글이 없었다면 중국 문자나 다른 나라의 문자를 사용했을 거예요. 다른 나라의 문자를 사용했다면 쉽게 글을 읽지 못해 많은 불편함을 느꼈을 거예요. 모든 나라가 자기들만의 글자를 가지고 있지 않아요. 우리는 한글을 매우 자랑스럽게 생각해야 해요.

함께해 봐요!

예절 ① "한글을 잘 알고 ○○하며 아름답게 사용하도록 노력해야겠어."

예절 ② "백성들의 불편함을 없애고자 한글을 만든 세종대왕께 ○○한 마음을 가져야겠어."

예절 ③ 한글로 시를 쓰거나 책을 읽어 보며 한글의 ○○○○을 느껴 봐요.

예절 ④ 한글날에는 우리의 글자인 한글에 대한 감사와 ○○의 마음을 가져요.

관련 인성은?

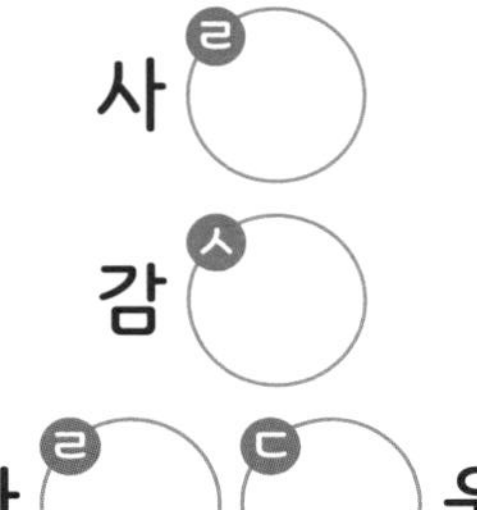

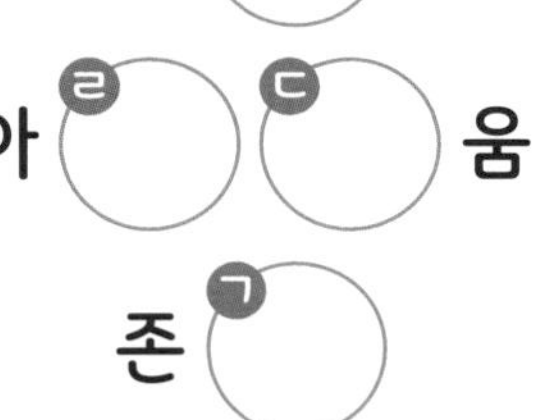

정답 : 사랑, 감사, 아름다움, 존경

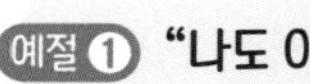

존경 "존경하는 사람이 꼭 위인이어야 하나요?"

아니에요. 존경하는 사람은 부모님, 선생님, 소방관 등 누구나 될 수 있답니다. 주위를 둘러보세요. 내가 멋있다고 생각하고 배울 점이 있다고 생각되면 누구나 존경하는 사람이 될 수 있답니다.

함께해 봐요!

관련 인성은?

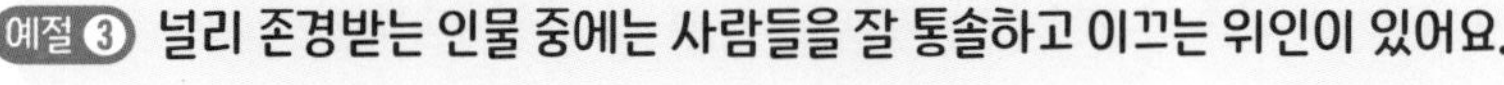

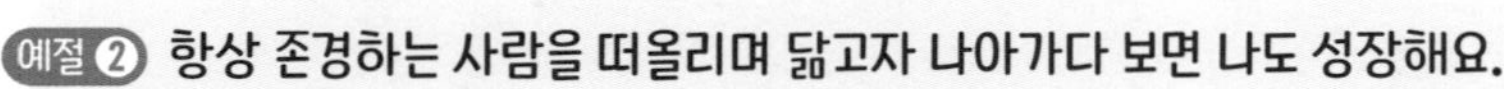

예절 ① "나도 이렇게 돼야지!" 존경하는 인물을 마음에 품으면 삶의 방향성이 생겨요.

예절 ② 항상 존경하는 사람을 떠올리며 닮고자 나아가다 보면 나도 성장해요.

예절 ③ 널리 존경받는 인물 중에는 사람들을 잘 통솔하고 이끄는 위인이 있어요.

예절 ④ 존경받는 인물들은 대부분 성품과 행실이 바르답니다.

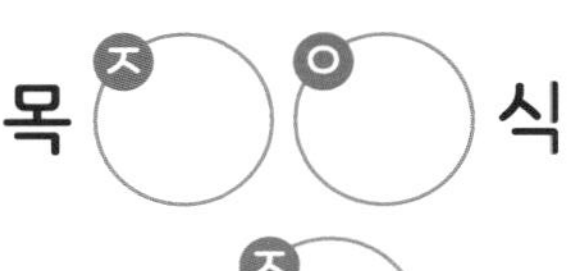

정답 : 목적의식, 발전, 리더십, 예의

존 중

높게 생각하고 ㅅ( ) ㅈ( ) 하고 귀한 것으로 대함

"친구의 외모를 놀리면 안 돼요.
서로 존중해야 해요!"

사람은 누구나 소중한 존재이기에 서로 존중하며 살아야 합니다.
모든 사람이 서로 다르게 생각하기 때문에 존중은 때로 어렵기도 합니다.
내가 상대방을 존중하고 있는지 항상 생각해 보세요.

생각해 봐요! 내가 친구를 존중하기 위해 했던 일에는 어떤 것이 있나요?

정답 : 소중

존중

"나는 동생 의견을 존중해 주는데 동생은 제 의견을 무시해요."

존중은 다시 자신에게 돌아올 것을 바라고 하는 것은 아니랍니다. 사람이니 당연하게 해야 하는 것이지요. 동생이 아직 존중에 대해 잘 모르는 것 같으니 친절하게 알려 주세요. "우리의 의견이 달라도 모두 소중한 존재이니 서로의 의견을 존중해야 해."

함께해 봐요!

예절 ① "너는 그렇게 생각하는구나." 친구와 의견이 달라도 친구의 의견을 잘 들어요.

예절 ② "쟤도 내 의견 무시하잖아!" 상대방의 행동에 상관없이 내가 먼저 친구들을 존중해요.

예절 ③ 서로 차별하지 않고 존중해야 같이 놀 때 더 재미있고 행복해져요.

예절 ④ "네가 그렇게 행동해서 속상했어."
친구가 나를 무시해서 속상하다면 화내지 않고 솔직하게 내 마음을 이야기해요.

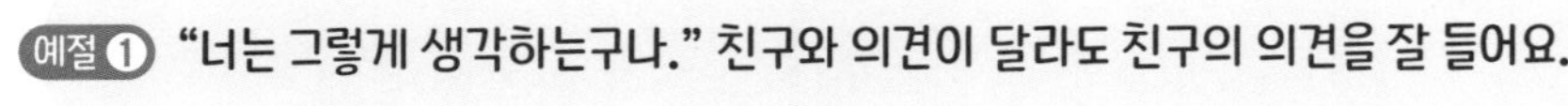

관련 인성은?

정답 : 경청, 솔선수범, 평등, 소통

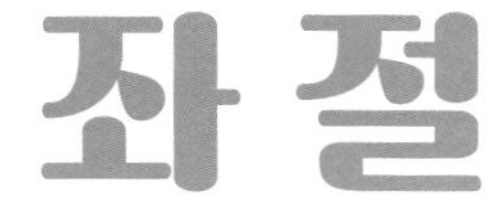

좌절

어떤 일에 대한 의지나 ㅁ◯ ㅇ◯ 이 꺾임

"으아아~. 난 정말 못 뛰겠어!"

내가 못할 것 같은 어려운 것을 마주했을 때
우리는 종종 좌절을 느끼곤 합니다.
좌절을 느낄 땐 잠시 쉬어가도 됩니다.
쉴 때 다시 용기가 생기기도 하거든요!

생각해 봐요! 최근 좌절했던 일은 무엇인가요?

정답 : 마음

생각 쏙

좌절 "같이 논 친구는 수학 시험을 다 맞았는데 나는 60점이에요."

친구도 집에서, 학교에서 열심히 공부해서 얻은 결과랍니다. 점수를 비교하지 말고, 다음 시험엔 나 스스로 만족할 수 있는 점수를 받도록 노력합시다. 방법을 모르겠다면 그 친구에게 물어보는 건 어떨까요?

함께해 봐요!

관련 인성은?

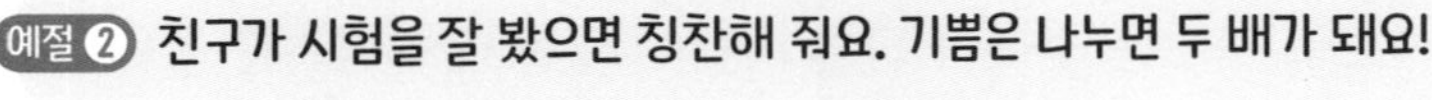

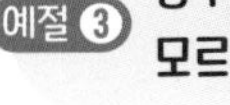

예절 ① '내가 이번에 공부를 조금 하긴 했어. 다음엔 더 많이 해야겠다.' 시험 점수를 비교하지 말고, 내가 시험을 어떻게 준비했는지 생각해 봐요. 그리고 모자란 부분을 채워 다음 시험을 준비해요.

예절 ② 친구가 시험을 잘 봤으면 칭찬해 줘요. 기쁨은 나누면 두 배가 돼요!

예절 ③ 공부 방법을 잘 모르겠다면 창피해 하지 말고 친구나 선생님께 여쭤 봐요. 모르는 것을 물어봐서 알려고 하는 것은 창피한 것이 아니에요.

예절 ④ '아! 내가 구구단 7단을 못 외웠었구나. 외워야겠다!' 시험은 나의 부족한 부분을 확인하고 고치기 위한 것이에요.

반 (ㅅ)

행 (ㅂ)

용 (ㄱ)

발 (ㅈ)

정답 : 반성, 행복, 용기, 발전

준수

법이나 ㄱ( ) ㅊ( ) 등을 따르고 지킴

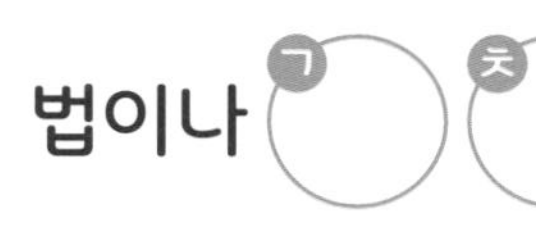

"저는 민지를 칭찬합니다!
다른 친구들이 빨리 가려고 복도에서 뛸 때,
민지는 사뿐히 걸어갔기 때문입니다."

규칙은 자율적으로 지키는 것이며 다른 사람에 대한 예의이기도 합니다.

규칙은 지키는 것보다 어기는 게 쉽기 때문에

규칙을 잘 준수하는 사람은 인정받기 마련입니다.

생각해 봐요! 친구들이 잘 지키지 않는 규칙에는 어떤 것이 있나요?

정답 : 규칙

준수

"우리 반 규칙을 어기고 복도에서 뛴 친구를 선생님이 혼내지 않아요."

규칙 준수는 혼나지 않기 위해서 하는 것이 아니랍니다. 규칙은 우리가 안전하고 평화롭게 살아가기 위해서 정한 것이지요. 규칙을 벌의 크기에 따라서 준수하지 말고, 나 스스로! 자율적으로! 준수하도록 합시다.

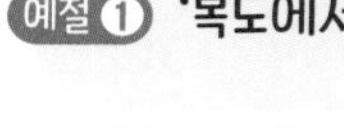

함께해 봐요!

관련 인성은?

예절 ① '복도에서 뛰면 다치니까 뛰지 말아야지.' 규칙은 나 스스로 지키는 거예요.

자 ㅇ 

예절 ② 모두가 규칙을 잘 지키면 안전한 마음이 들고 다칠까 싶은 걱정이 없어져서 좋아요.

편 ㅇ 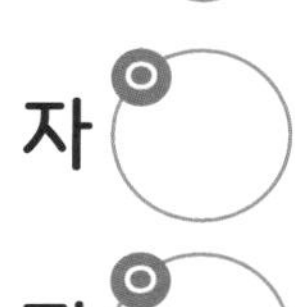

예절 ③ 친구가 규칙을 안 지킬까 봐 감시하지 말고 잘 지킬 것이라고 믿어요.

믿 ㅇ 

예절 ④ 규칙을 항상 지키는 것은 힘들지만 계속 실천하도록 노력해요.

꾸 ㅈ ㅎ  

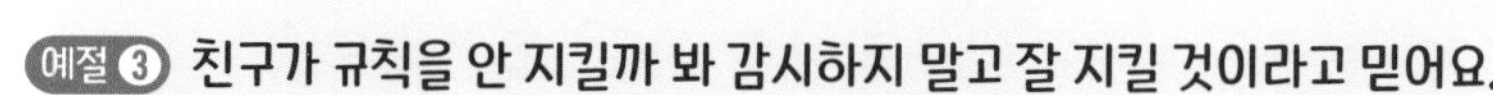

정답 : 자율, 편안, 믿음, 꾸준함

지 혜

상황을 제대로 파악하고 정확하게 (ㅎ)(ㄱ) 하는 현명함

"우와! 엄마는 어떻게 모든 것을 알고 있어요?"

무언가를 다 해내는 척척박사를 보면 우리는 지혜롭다고 여깁니다.

지혜로운 사람은 쉽게 될 수 없답니다.

여러 번의 도전을 통해서 얻어 낸 지혜이니,

여러분들도 두려워 말고 다양한 것에 도전하세요.

생각해 봐요! 내가 평소 도움을 요청하는 지혜로운 사람은 누구인가요?

정답 : 해결

지혜 "나도 똑똑해지고 싶은데 어떻게 해야 할까요?"

지혜는 쉽게 얻어지는 것이 아닙니다. 다양한 분야의 책을 많이 읽고, 궁금한 것은 인터넷 등을 통해 스스로 찾아보세요. 아는 만큼 중요한 것은 직접 해 보는 것이랍니다. 다양한 것을 해 보면서 실패도 하고 성공도 하다 보면 지혜가 차곡차곡 쌓일 거예요.

함께해 봐요!

예절 ① '일단 한번 해 보자!' 지혜를 쌓기 위해서는 내가 잘 못하는 것이나 처음 하는 것도 해 보는 자세가 필요해요.

예절 ② '어···. 이건 처음 보는 건데. 지난번에 한 게임이랑 비슷하긴 하다.'
처음 보는 것에 당황하지 않고 침착하게 판단하는 것도 지혜를 쌓는 데 도움이 돼요.

예절 ③ '음···. 다른 방법은 없을까?' 주어진 대로 하지 않고 새로운 의견을 생각해요.

예절 ④ 지혜는 한순간에 만들어지는 것이 아니기 때문에 꾸준히 노력해야 해요.

관련 인성은 ?

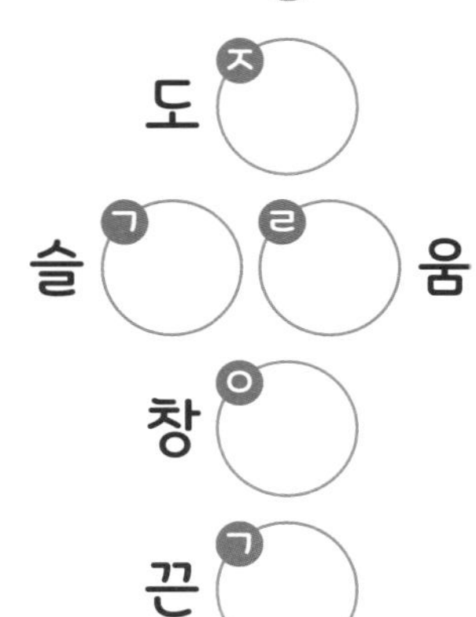

정답 : 도전, 슬기로움, 창의, 끈기

진 심

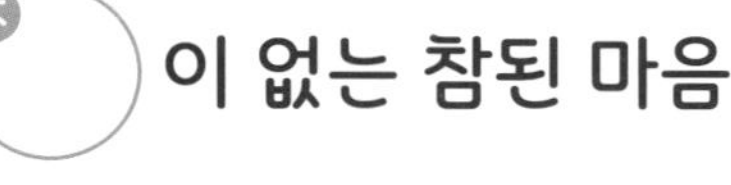

이 없는 참된 마음

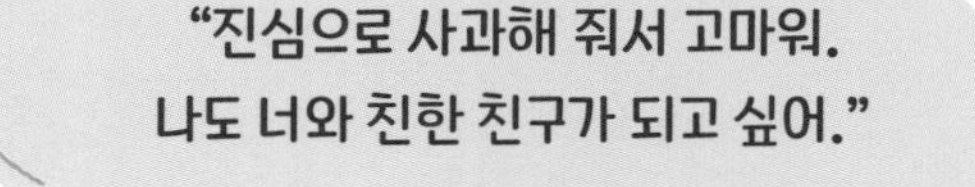

진심을 말할 땐 큰 용기가 필요해요.

말하기가 쉽지 않죠.

그래서 진심을 담아 말하면 말의 힘이 강해진답니다.

생각해 봐요! 부모님께 진심을 담아 전하고 싶은 말은 무엇인가요?

정답 : 거짓

경찰의 날

사회의 (ㅈ)(ㅅ)를 유지하는 경찰관의 노고에 위로와 감사함을 전하는 날

※ 노고: 힘들여 수고하고 애씀

경찰은 우리를 지켜 주는 사람들이에요.
경찰은 우리의 안전을 지키고 범죄를 막기 위해
매일매일 열심히 일하고 있어요.
오늘 경찰들에게 우리의 감사와 사랑을 보내는
특별한 날이 되어 보세요.

생각해 봐요! 어떤 말로 경찰에게 감사한 마음을 전할 수 있을까요?

정답 : 질서

"경찰에게 어떤 방법으로 감사한 마음을 전할 수 있을까요?"

경찰서에 가서 경찰들에게 감사의 말을 전할 수도 있고, 카드를 만들어 경찰에게 보내는 것도 좋은 방법이에요. 특히, 경찰을 보게 된다면 "항상 저희를 위해 애써 주셔서 감사합니다."라는 말을 하는 것도 좋아요. 경찰에게 항상 감사한 마음으로 평소 질서를 잘 지키세요.

함께해 봐요!

관련 인성은 ?

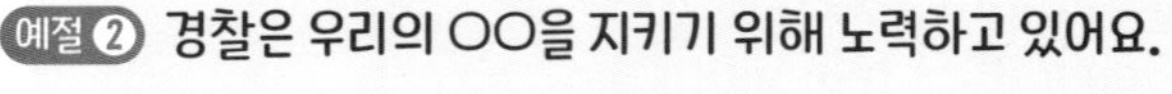

예절 ① 경찰은 범죄를 막기 위해 매일매일 열심히 일하고 있어요.

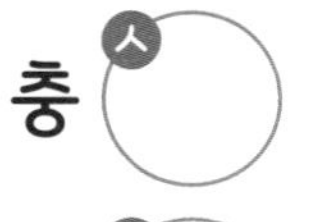

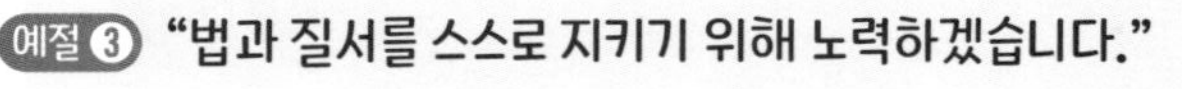

예절 ② 경찰은 우리의 ○○을 지키기 위해 노력하고 있어요.

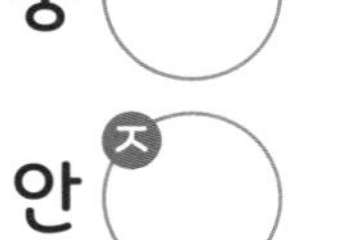

예절 ③ "법과 질서를 스스로 지키기 위해 노력하겠습니다."

예절 ④ "국민을 위해서 일하시는 경찰의 모습을 보며 ○○하고 감사한 마음을 갖겠습니다."

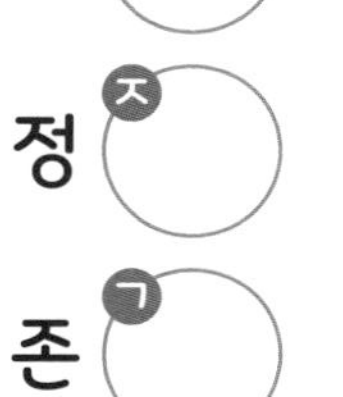

정답 : 충실, 안전, 정직, 존경

진심 "부모님을 사랑하는데…. 부모님께 자꾸 나쁜 말만 나와요."

가까운 사이일수록 진심을 말하는 것이 더 어려운 법이랍니다. 어렵다고 계속 피하면 사이가 더 나빠지겠죠. 지금부터라도 부모님을 사랑하는 나의 진실한 마음을 조금씩이라도 전해 보세요. 말이 어렵다면 행동으로라도 먼저 해 보세요.

함께해 봐요!

관련 인성은?

예절 ① 진심을 말하기 어려울 때에는 일단 상대방의 말을 잘 들어요.

경 (ㅊ)

예절 ② 진심을 담아 대화하는 것이 좋은 사이를 유지하는 방법이에요.

소 (ㅌ)

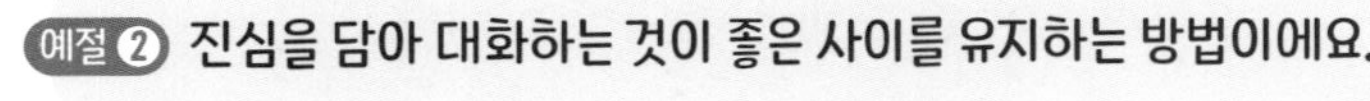
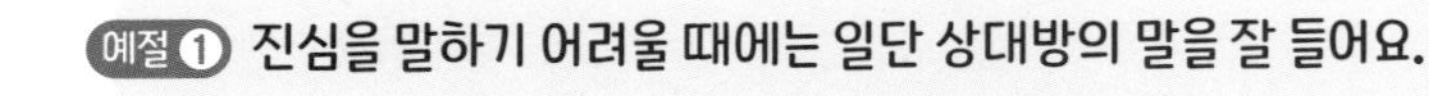

예절 ③ "너는 그렇게 생각했구나. 힘들었겠다."
상대방의 입장을 생각해서 말하는 것도 진심을 표현하는 방법이에요.

공 (ㄱ)

예절 ④ '오늘은 꼭 말해야지!' 자신감을 가지고 진심을 담아 이야기해요.

용 (ㄱ)

정답 : 경청, 소통, 공감, 용기

질서

혼란 없이 순조롭게 일이 이루어지는 (ㅅ)(ㅅ)나 차례

"계단에서는 밀지 말고 차례대로 올라가자!"

질서는 여러 사람이 함께 행동할 때
안전과 편함을 위해 지켜야 한답니다.
질서를 지키지 않고 앞지를 때보다
더욱 편리하고 빠르게 일을 해결할 수 있어요.

생각해 봐요! 질서를 지켜야 하는 장소 세 곳을 말해 봅시다.

정답 : 순서

독도의 날

독도가 (ㄷ)(ㅎ)(ㅁ)(ㄱ)의 영토임을 천명하기 위하여 제정한 날

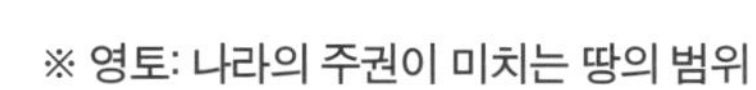

※ 영토: 나라의 주권이 미치는 땅의 범위

※ 천명: 진리나 사실, 입장 따위를 드러내어 밝힘

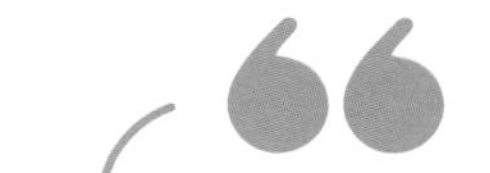

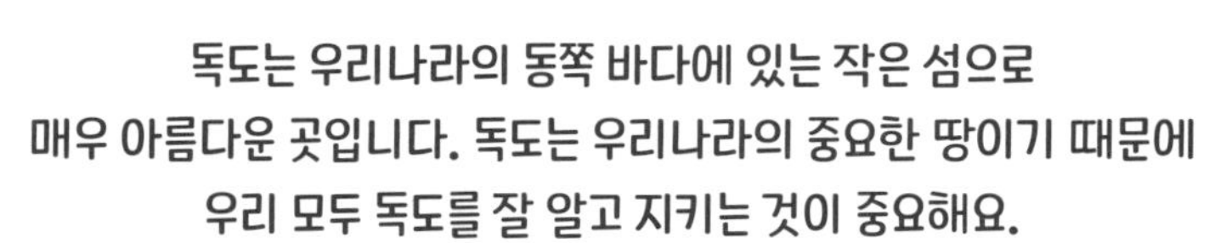

독도는 우리나라의 동쪽 바다에 있는 작은 섬으로
매우 아름다운 곳입니다. 독도는 우리나라의 중요한 땅이기 때문에
우리 모두 독도를 잘 알고 지키는 것이 중요해요.

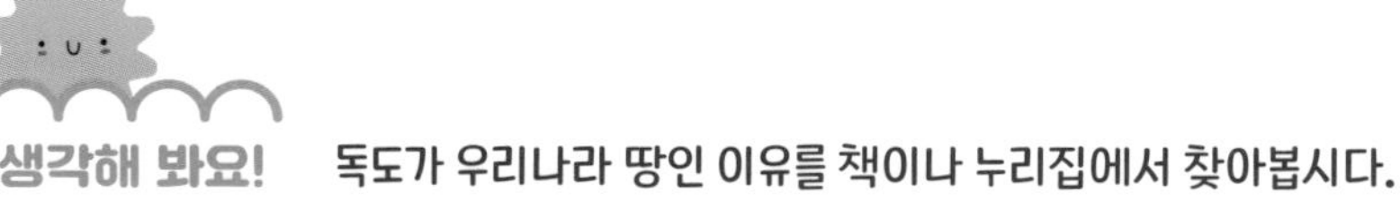

생각해 봐요! 독도가 우리나라 땅인 이유를 책이나 누리집에서 찾아봅시다.

정답 : 대한민국

화 "일본이 독도가 자기네 땅이라고 우겨서 화가 나요!"

독도 주변 바다에는 많은 물고기와 해저 자원이 있어요. 일본은 이 자원을 얻기 위해 자기네 땅이라고 주장하는 것입니다. 또한, 독도 주변 바다도 일본의 영역으로 만들기 위해서 우기는 것입니다. 하지만 역사적으로 우리 땅이라는 증거가 많아요. 독도가 우리 땅이라는 것을 국제 사회에 알리며 독도를 보호하기 위해 노력해야 해요.

함께해 봐요!

관련 인성은?

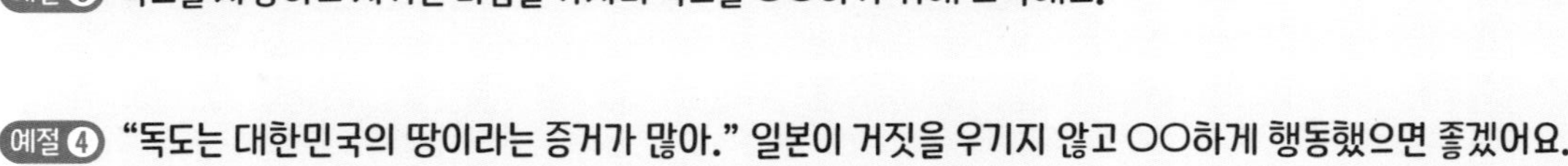

예절 ① 독도는 경상북도 울릉군 울릉읍 독도리에 있는 자연의 OOOO을 간직한 섬이에요.

예절 ② 독도가 왜 우리 땅인지 독도의 역사에 대해 OO을 가져야 해요.

예절 ③ 독도를 사랑하고 지키는 마음을 가지며 독도를 OO하기 위해 노력해요.

예절 ④ "독도는 대한민국의 땅이라는 증거가 많아." 일본이 거짓을 우기지 않고 OO하게 행동했으면 좋겠어요.

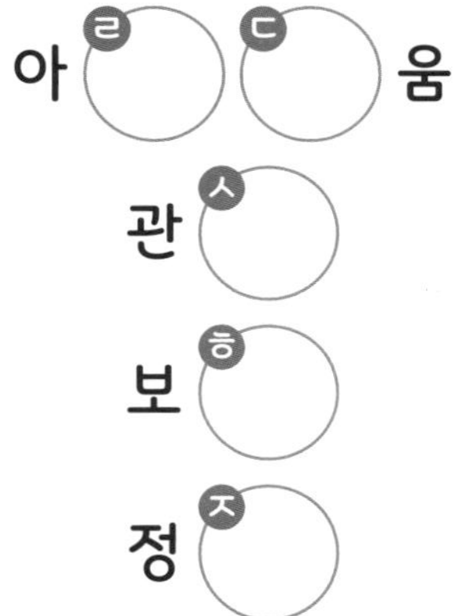

질서 "사람들이 새치기를 하니까 저도 할래요."

모든 사람이 새치기를 한다면 어떻게 될까요? 아무도 먼저 할 수 없을뿐더러 혼란스러워서 사고가 날 수도 있겠죠? 새치기할 때보다 모두가 질서를 지킬 때 더 빨리 하고 싶은 것을 할 수 있어요.

함께해 봐요!

예절 ① 모두가 질서를 지켜 안전해지면 해야 할 일에 더욱 집중할 수 있어요.

예절 ② 서로를 이해하고 존중하는 마음으로 질서를 지켜요.

예절 ③ "너 먼저 해도 돼." 친구를 배려하면 더욱 질서가 잘 지켜진답니다.

예절 ④ 질서는 때에 따라 달라지는 것이 아니라 계속해서 지켜야 하는 것입니다.

편 ㅇ( )

배 ㄹ( )

양 ㅂ( )

꾸 ㅈ( ) ㅎ( )

정답 : 편안, 배려, 양보, 꾸준함

질투

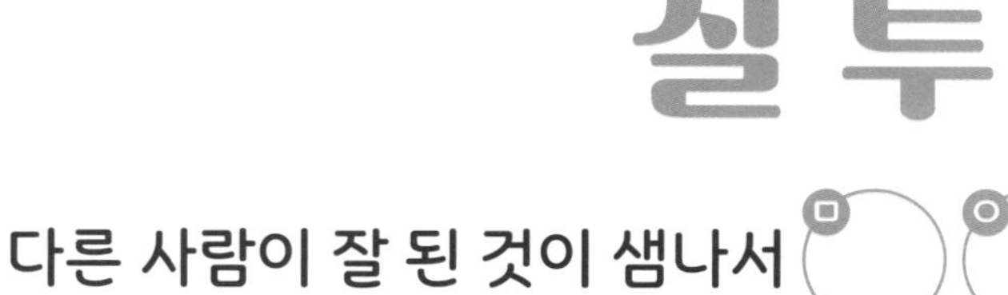

다른 사람이 잘 된 것이 샘나서 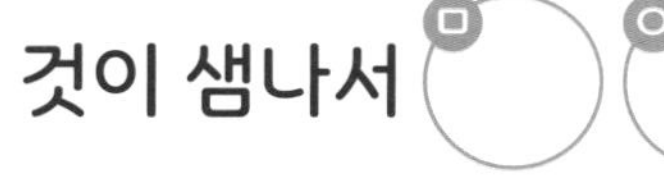  하고 깎아내리려 함

"네가 1등이라고?! 흥 난 안 믿어!"

'사촌이 땅을 사면 배가 아프다.'라는 속담이 있듯이
우리는 가까운 사람일수록 더 질투하곤 하죠.
하지만 좋은 일이니 긍정적으로 생각하고
축하하는 마음을 표현하도록 노력해요!

생각해 봐요! 질투가 났을 때 나는 어떻게 행동하나요?

정답 : 미워

질투 "친구가 잘된 일에 질투가 나서 나쁜 사람이 된 것 같은 기분이에요."

질투가 나는 것은 자연스러운 감정입니다. 이 질투를 표현하는 것이 잘못된 행동이지요. 질투가 나더라도 꾹 참고 친구의 잘된 일을 함께 기뻐해 주세요. 기쁨이 두 배로! 친구도 훗날 나를 응원해 줄 거예요.

함께해 봐요!

관련 인성은?

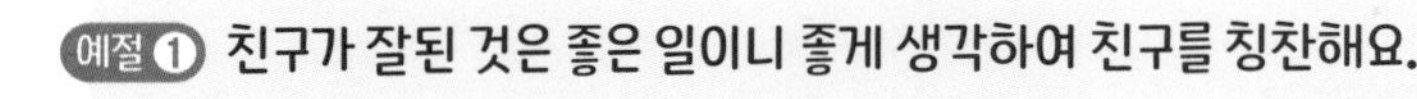

예절 ① 친구가 잘된 것은 좋은 일이니 좋게 생각하여 친구를 칭찬해요.

예절 ② "우와, 정말 대단한걸!" 기쁜 마음을 생각만 하지 말고 표현해요.

예절 ③ 내가 못하는 것을 부러워만 하지 말고, 못하는 것도 있고 잘하는 것도 있는 나 자신을 이해해요.

예절 ④ "나도 어떻게 하는지 알려 줄 수 있어?" 친구가 잘하는 것을 본받아 나도 잘할 수 있도록 노력해요.

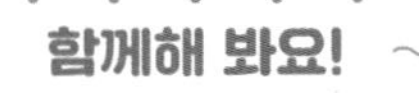

긍 (ㅈ)

칭 (ㅊ)

자 (ㅈ)(ㄱ)

발 (ㅈ)

정답 : 긍정, 칭찬, 자존감, 발전

짜증

마음에 들지 않아 갑자기 ㅎ( ) 를 내는 것

"왜 자꾸 나를 별명으로 부르는 거야!"

나는 별명으로 불리고 싶지 않은데 친구들이 별명으로 부를 때
짜증이 나죠? 내 생각과 친구의 생각이 다를 때
우리는 짜증이 난답니다. 해결 방법은 대화!
대화를 통해 서로 다른 생각들을 이해해 봅시다.

생각해 봐요! 최근 짜증을 냈다면 그 이유는 무엇이며, 어떻게 해결했나요?

정답 : 화

짜증 "친구가 계속 단둘이 놀자고 해서 짜증나요."

나는 여러 친구와 놀고 싶은데 단둘이 놀자고 해서 짜증이 났군요. 의견이 다른 것일 뿐이지 틀린 것은 아니랍니다. 짜증을 낸다고 해결되지 않습니다. 내 생각을 차분히 전하며 설득해 보세요. "다 함께 놀면 더 재밌는 게임도 할 수 있어!"

함께해 봐요!

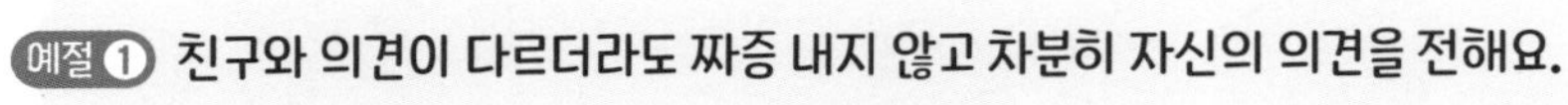

예절 ① 친구와 의견이 다르더라도 짜증 내지 않고 차분히 자신의 의견을 전해요.

예절 ② 의견이 다른 점을 알아야 설득할 수 있으니 친구의 의견을 잘 들어요.

예절 ③ 짜증이 날 때는 일단 참고 무슨 상황인가를 파악해요.

예절 ④ 대부분 의견이 잘못 전달되어 싸우는 경우가 많으니 다시 정확하게 이야기하도록 노력해요.

관련 인성은?

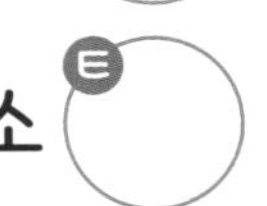

존 (ㅈ)

경 (ㅊ)

인 (ㄴ)

소 (ㅌ)

정답 : 존중, 경청, 인내, 소통

창 의

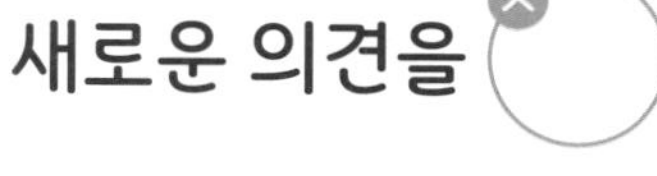
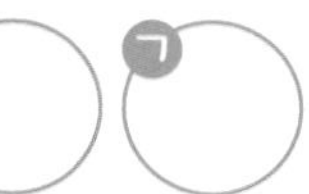

새로운 의견을 ㅅ( ) ㄱ( ) 해 내는 것

"비행기 접기 중간에 이 부분을 뾰족하게 해 볼까?"

새로운 것을 만들어 내는 건 언제나 재미있답니다.

새로운 방법으로 도전해 보세요!

실패해도 괜찮아요. 다시 하면 되니까요.

생각해 봐요! 내가 창의적으로 생각해 낸 아이디어가 있다면 이야기해 봅시다.

정답 : 생각

창의 "새로운 아이디어를 생각하는 것이 어려워요."

기존의 것을 여러 번 반복해서 해 보세요. 예를 들어 종이접기 방법을 새로 만들어 내고 싶다면 원래 있던 방법을 여러 번 반복해서 연습해 보세요. 창의적인 방법은 원래 하던 것을 그대로 하되, 한 가지만 바꾼다고 생각하면 쉬워요.

함께해 봐요!

예절 ① 있는 것만 따라 하는 것보다 새로운 것을 생각해 내는 것이 나의 성장에 도움이 돼요.

예절 ② "아! 그럼 네가 말한 거에서 이거를 더 추가하면···." 창의적인 생각으로 만들기를 할 때는 혼자 하는 것보다 친구들과 이야기하며 만드는 것이 더 재미있고 쉬워요.

예절 ③ 창의적인 생각이 좋아 보여도 친구의 생각을 몰래 베끼면 안 돼요.
친구의 것을 따라 하고 싶다면 그 친구에게 같이 해도 되는지 물어봐요.

예절 ④ 친구들과 생각이 달라도 모두 창의적인 생각이니 서로 이해해 줘요.

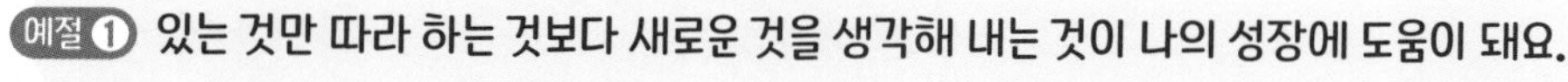

관련 인성은?

발 (ㅈ)

협 (ㄷ)

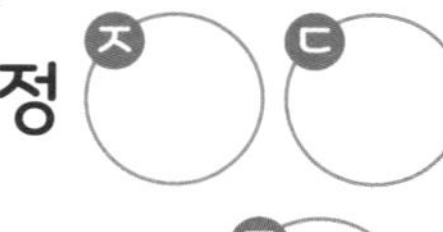

정 (ㅈ) (ㄷ) 당

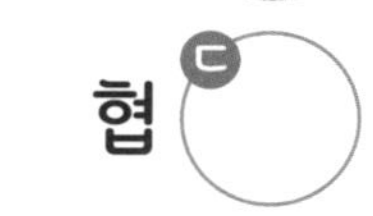

존 (ㅈ)

정답 : 발전, 협동, 정정당당, 존중

창피

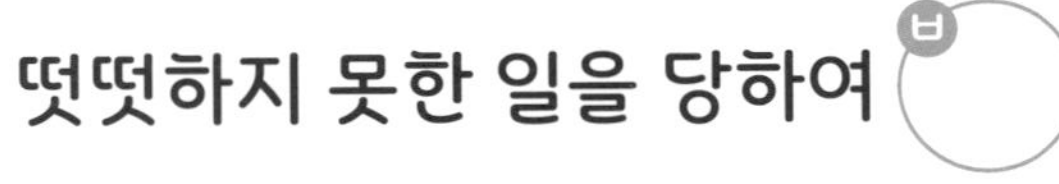

떳떳하지 못한 일을 당하여 

러움

"으악! 이에 고춧가루가 끼어 있었다니···."

실수해서 창피한 일들이 있죠? 너무 걱정하지 마세요.

크게 잘못한 일이 아니라면 괜찮습니다.

잊어버리세요! 친구들도 금방 잊어버릴 거예요.

생각해 봐요! 최근에 창피했던 일은 무엇인가요?

정답: 부끄

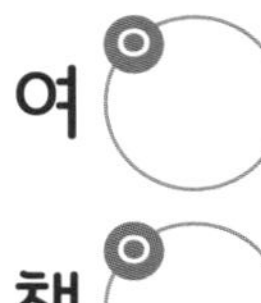

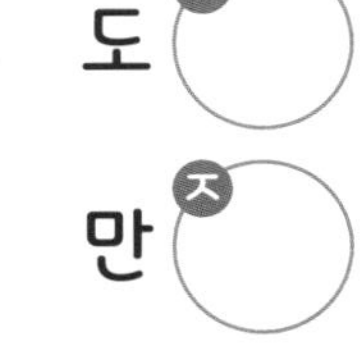

창피 "틀리면 창피할 것 같아서 발표를 못 하겠어요."

발표는 정답을 말하려고 하는 것이 아니라 내 생각을 친구들 앞에서 말하는 연습을 하기 위해 하는 것입니다. 때로는 떨리고 틀릴까 봐 걱정도 되지만, 도전한 나를 칭찬해 주세요. 발표를 하는 것 것 자체가 멋있는 거니까요.

함께해 봐요!

관련 인성은?

예절 ① '창피함을 무릅써야 성장한다!' 부끄러워도 한번 해 봐요.

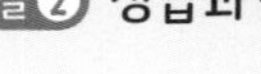

예절 ② 정답과 상관없이 발표한 나를 칭찬해 줘요.

예절 ③ 방귀를 뀌거나 양말에 구멍이 난 것처럼 실수로 한 창피한 일은 친구들에게 의외로 금방 잊히니 너무 걱정하지 말아요.

예절 ④ 모르고 친구의 팔을 쳐서 우유를 쏟는 것처럼 실수해서 창피하더라도 내 잘못을 해결하고자 노력해요.

도 ㅈ ◯

만 ㅈ ◯

여 ㅇ ◯

책 ㅇ ◯

정답 : 도전, 만족, 여유, 책임

책임감

맡아서 해야 할 ㅇ( ) ㅁ( )를 중요하게 여기는 마음

"저를 회장으로 뽑아 주신다면 책임감을 가지고 우리 반 친구들을 돕도록 하겠습니다!"

내가 맡은 일을 하지 않으면 다른 친구들에게 피해를 줄 수 있어요.

그렇게 되면 친구들이 나를 신뢰하지 않게 되겠죠.

또 책임감이 없으면 나도 성장할 수 없게 된답니다.

지금부터라도 책임감을 가지고 내가 맡은 일을 해 봅시다.

생각해 봐요! 내가 책임감을 가지고 임한 일에는 어떤 것이 있나요?

정답 : 임무

책임감 "내가 해야 할 일을 자꾸 깜박해서 혼나요."

책임감이 부족하군요. 내가 맡은 일은 꼭 해내겠다는 마음이 중요합니다. 자꾸 잊어버린다면 어디에 써 놓거나 알람을 맞춰 놓는 등 잊지 않을 방법을 찾아 내가 맡은 일을 끝까지 해내도록 합시다.

함께해 봐요!

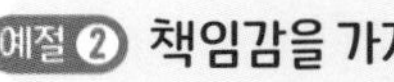

관련 인성은?

예절 ① "내가 맡은 이 일은 꼭 끝내고 만다!"라는 생각을 잊지 말고 ○○해요.

실 (ㅊ)

예절 ② 책임감을 가지고 힘들게 해낸 일은 더욱 뿌듯하고 내 성장에 도움을 줘요.

발 (ㅈ)

예절 ③ "일단 숙제 먼저 끝내고 놀아야겠다." ○○를 가지고 싶다면 해야 할 일을 먼저 책임지고 끝마쳐야 해요.

자 (ㅇ)

예절 ④ "그럼 8시에 만나!" 친구와 함께하기로 한 일을 잊지 않고 꼭 해요.

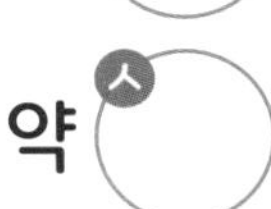

약 (ㅅ)

정답 : 실천, 발전, 자유, 약속

청결

맑고 (ㄲ)( ) (ㄲ)( ) 함

"손 씻기는 30초! 앞뒤로 쓱싹쓱싹 씻어요."

내 몸과 주변을 청결하게 유지하면 건강해질뿐더러
마음도 편안해져 다른 일에 더욱 집중할 수 있답니다.
또 청결을 유지하기 위해 하는 일들에 성취감을 느끼기도 하지요.

생각해 봐요! 내가 청결을 위해 노력하는 것을 이야기해 봅시다.

정답 : 깨끗

청결 "양치하기 싫은데 꼭 해야 할까요?"

양치는 치아를 건강하게 하고 아프지 않기 위해 하는 거예요. 또 입안의 불쾌한 냄새는 친구들에게 피해를 줄 수 있답니다. 청결은 나의 건강을 위해서도, 친구 관계를 위해서도 꼭 지켜야 하는 것이랍니다.

함께해 봐요!

예절 ① 청결은 나를 위해서, 나와 함께 하는 사람들을 위해서 귀찮더라도 꼭 실천해요.

예절 ② 지저분한 내 방은 스트레스를 주지만, 청결한 내 방에 있으면 마음이 OO해져요.

예절 ③ 사용한 물건을 항상 제자리에 두고 방을 청결하게 유지해요.

예절 ④ 청결을 유지하면 자연환경을 보호할 수 있어요.

관련 인성은?

책 

편 

정 

자연 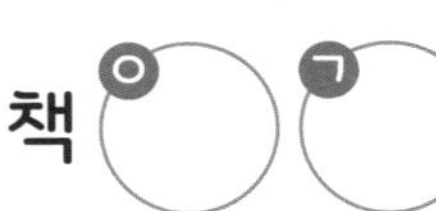 

정답 : 책임감, 편안, 정돈, 자연 보호

소방의 날

국민의 안전 의식과 (ㅎ)(ㅈ)에 대한 경각심을 높이고 안전 문화를 만들기 위한 날

※ 경각심: 정신을 차리고 주의 깊게 살피어 경계하는 마음

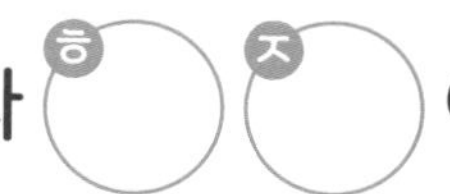

소방의 날이 11월 9일인 이유는 불이 났을 때나
응급 상황이 생겼을 때 전화하는 119와 관련이 있습니다.
불을 끄고 사람들을 안전하게 지켜 주는 소방관에게
감사한 마음을 가지고 화재 예방을 하도록 노력하길 바라요.

생각해 봐요! 불이 나면 어떻게 해야 할지 이야기해 봅시다.

정답 : 화재

오늘 인성

안전

"소방의 날을 의미 있게 보내는 방법에는 무엇이 있을까요?"

소방관들은 불이 났을 때 불을 끄는 것뿐만 아니라 사고가 났을 때 사람들을 구하기도 합니다. 이렇게 국민의 안전을 위해 꾸준히 노력하는 소방관의 노력에 대해 감사를 표현하면 좋겠어요. 또한, 화재나 사고를 예방하는 방법, 불이 났을 때 대처하는 방법을 미리 알아 두면 좋겠습니다.

함께해 봐요!

관련 인성은?

예절 ① 화재나 사고에 대처하는 방법을 미리 알아 둔다면 자신을 스스로 지켜낼 수 있어요.

안 (ㅈ) 

예절 ② "119에 장난 전화를 하면 절대 안 돼요." 진짜로 도움이 필요한 사람의 목숨이 ○○될 수 있어요.

희 (ㅅ) 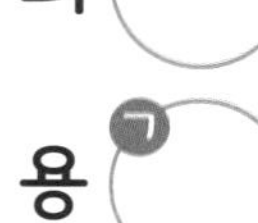

예절 ③ 불을 끄기 위해 불이 난 곳에 들어가는 소방관의 ○○ 있는 행동에 감사해요.

용 (ㄱ) 

예절 ④ 소방관의 희생과 ○○ 정신 덕분에 우리가 안전하게 생활할 수 있어요.

봉 (ㅅ) 

정답 : 안전, 희생, 용기, 봉사

농업인의 날

농업인들의 노고와 정성에 감사하고, 농업의  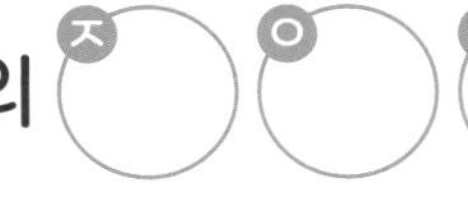  을 되새기는 기념일

쌀, 채소, 과일 등을 재배해 주시는 농업인들 덕분에 우리가 맛있는 음식을 먹을 수 있어요. 벼를 세워 놓은 모습과 비슷하게 생긴 11월 11일을 농업인의 날로 정했어요.

쌀은 어떤 과정을 통해 재배가 될까요?

정답 : 중요성

꾸준함 "농업인을 도울 수 있는 방법에는 무엇이 있나요?"

힘들게 일하고 계시는 농업인을 도울 수 있는 일에는 여러 가지가 있습니다. 음식을 남기지 않고 깨끗이 먹으며 농민들에게 감사하는 마음을 갖습니다. 우리 지역과 우리나라에서 나는 농산물을 소비하는 것도 농민들을 돕는 방법입니다. 가까운 시장이나 농산물 직거래 장터에서 신선한 농산물을 사 보기 바랍니다.

함께해 봐요!

관련 인성은 ?

예절 ① 농산물이 생산되기까지는 농민들의 많은 수고와 OO가 필요합니다.

인 (ㄴ)

예절 ② 우리 농산물로 음식을 OO스럽게 해 주시는 급식실 조리사님 덕분에 오늘도 급식을 맛있게 먹을 수 있습니다.

정 (ㅅ)

예절 ③ "농업인 덕분에 신선하고 맛있는 채소와 과일을 먹을 수 있어서 OO해요."

행 (ㅂ)

예절 ④ "농업인에게 감사하는 마음으로 음식을 남기지 않고 깨끗하게 먹어야겠다."

실 (ㅊ)

정답 : 인내, 정성, 행복, 실천

초조

걱정으로 애가 타서 마음이 ㅈ ㅁ ㅈ ㅁ 함

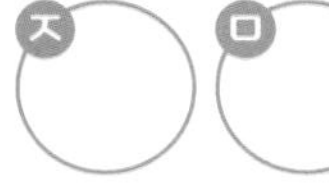

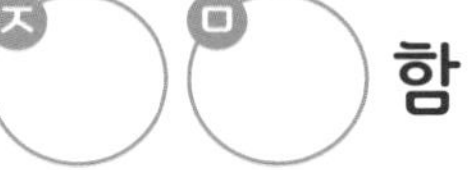

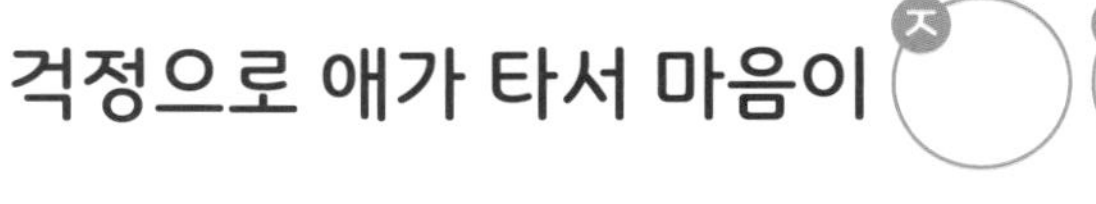

긴장하거나 아직 일어나지 않은 미래가 걱정되면
누구나 초조함을 느낍니다. 나만 초조한 것은 아니니
걱정하지 마세요. 문제를 해결하면 초조함은 금방 사라진답니다.

생각해 봐요! 나는 어떤 상황에서 초조함을 느끼나요?

정답 : 조마조마

초조 "물을 엎질렀는데 엄마가 아직 모르세요. 혼날까 봐 초조해요."

비밀이 많아지면 초조한 법이랍니다. 나중에 어머니가 알게 되시면 더 크게 혼날 거예요. 내가 잘못한 것은 책임져 해결하고, 사실대로 말씀드리는 게 최고예요. 물을 직접 닦으려 노력해 보고 어머니께 사실을 말씀드려 보세요.

함께해 봐요!

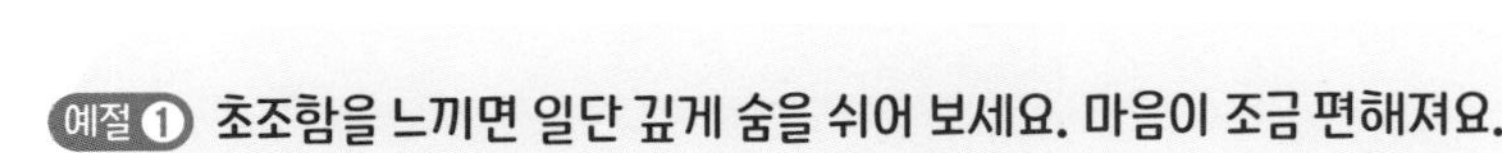

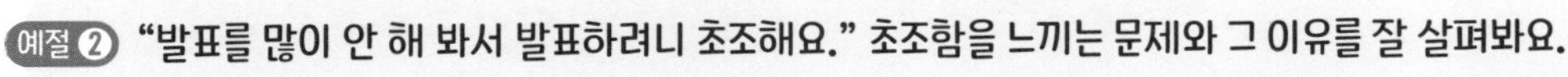

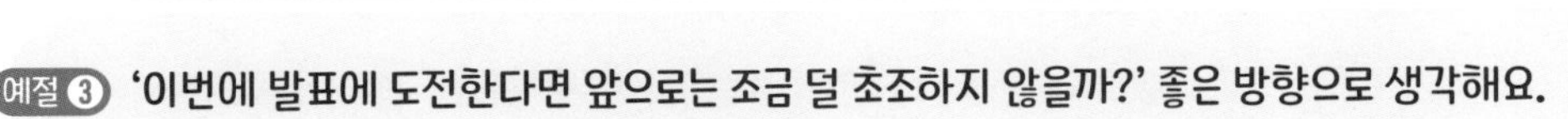

예절 ① 초조함을 느끼면 일단 깊게 숨을 쉬어 보세요. 마음이 조금 편해져요.

예절 ② "발표를 많이 안 해 봐서 발표하려니 초조해요." 초조함을 느끼는 문제와 그 이유를 잘 살펴봐요.

예절 ③ '이번에 발표에 도전한다면 앞으로는 조금 덜 초조하지 않을까?' 좋은 방향으로 생각해요.

예절 ④ '그럼 이번 발표는 조금 쉬운 거로 해 보고 점점 어려운 발표에 도전해 보자.' 내가 할 수 있는 해결 방안을 생각해요.

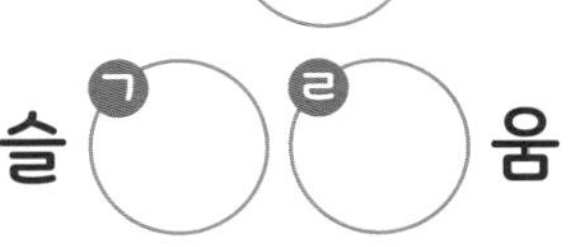

정답 : 여유, 이해, 긍정, 슬기로움

최선

가장 좋고 훌륭함. 온 (ㅈ)(ㅅ)과 힘

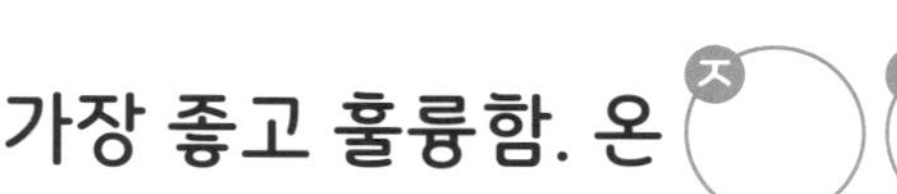

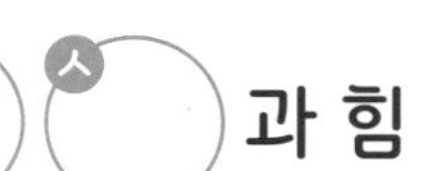
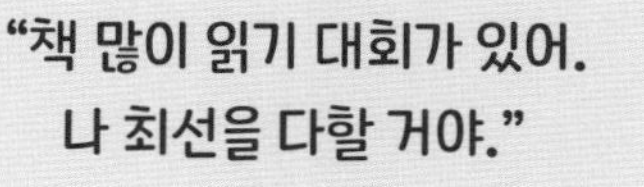

"책 많이 읽기 대회가 있어.
나 최선을 다할 거야."

'노력하는 사람에게는 행운이 따른다.'라는 말을 알고 있나요?
어떠한 일을 할 때 최선을 다하면 행운마저도
나의 편이라는 의미이지요.

생각해 봐요! 최선을 다한 경험이 있나요? 최선을 다한 일을 끝마쳤을 때 기분은 어땠나요?

정답: 정성

최선 "최선을 다한 것 같은데 결과가 만족스럽지 않아요."

최선을 다했더라도 결과가 만족스럽지 않을 수 있답니다. 시험이나 경기에는 운도 필요하기 때문이지요. 그렇다고 해서 최선을 다한 나의 경험이 사라지는 것은 아닙니다. 무언가에 최선을 다한 경험만으로도 다른 일에 최선을 다할 수 있는 힘이 된답니다.

함께해 봐요!

관련 인성은?

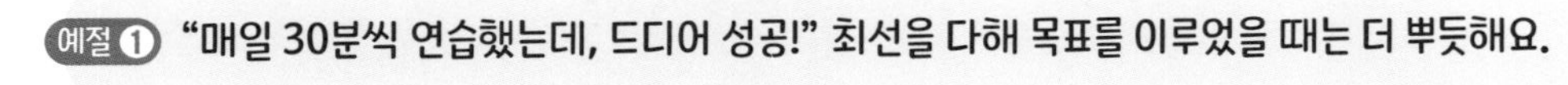

예절 ① "매일 30분씩 연습했는데, 드디어 성공!" 최선을 다해 목표를 이루었을 때는 더 뿌듯해요.

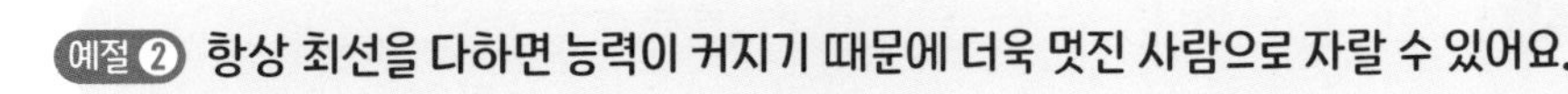

예절 ② 항상 최선을 다하면 능력이 커지기 때문에 더욱 멋진 사람으로 자랄 수 있어요.

예절 ③ "내가 맡은 일에 최선을 다하겠어!" 최선을 다하는 것은 맡은 일에 ○○○을 가지고 노력하는 것과 같아요.

예절 ④ 자신의 일에 꾸준히 최선을 다하면 친구들에게 좋은 사람으로 인정받게 돼요.

정답 : 성취, 발전, 책임감, 신뢰

충실

어떤 일이나 관계에 충성스럽고  하게 임함

"휘진이는 모둠에서 맡은 일을
충실하게 해서 인기가 많아."

충실한 사람은 해야 할 일을 스스로 하며,
그 일에 성실하게 임하기 때문에 더욱 성장할 수 있고,
다른 사람들에게도 신뢰를 얻을 수 있답니다.

생각해 봐요! 내 친구 중 충실하게 행동하는 친구는 누구인가요?

정답 : 성실

충실 "숙제를 꼭 충실하게 해야 할까요?"

살다 보면 내가 하고 싶은 일만 하고 살기는 어렵답니다. 숙제처럼 하기 싫지만 반드시 해야 하는 일들이 있죠. 하기 싫은 일을 뒤로 미루거나 대충하게 된다면 나중에 커서 내가 진짜 하고 싶은 일을 할 수 없게 될 수도 있답니다. 해야 할 일은 꼭! 충실하게! 최선을 다하기! 약속해요.

함께해 봐요!

예절 ① '이것보다 더 잘할 수 있을 것 같은데 조금 더 해 볼까?'
숙제를 할 수 있을 만큼 열심히 하고 나서 제출해요.

예절 ② 무엇이든 충실하게 임하면 실력이 쑥쑥 자라나요.

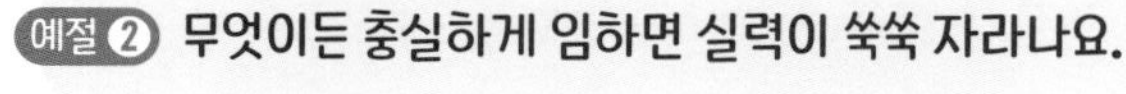

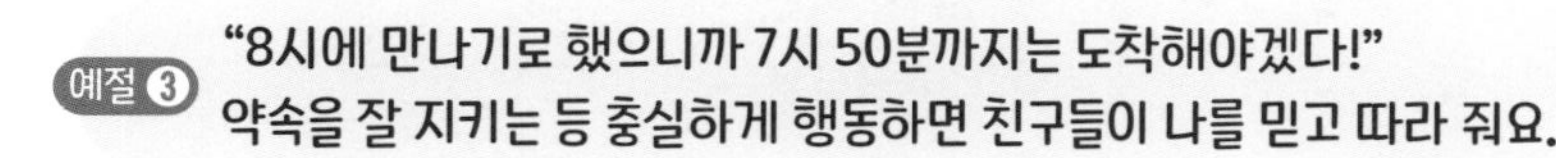

예절 ③ "8시에 만나기로 했으니까 7시 50분까지는 도착해야겠다!"
약속을 잘 지키는 등 충실하게 행동하면 친구들이 나를 믿고 따라 줘요.

예절 ④ 충실하기 어려운 친구들도 있어요. 응원하고 도와주되, 비난하지는 말아요.

관련 인성은?

성 ㅅ

발 ㅈ

신 ㄹ

존 ㅈ

정답 : 성실, 발전, 신뢰, 존중

친 절

상대방을 대하는 태도가 친근하고 ㄷ ( ) ㅈ ( ) 함

"우리 반 친절이로 정은이를 추천합니다.
언제나 친구들의 의견을 다정하게 물어봐요."

나는 평소 친절한 사람인가요?

상대방이 좋든 싫든 존중하는 마음을 담아 친절을 표현해야 한답니다.

'친절은 세상을 밝게 하는 햇빛이다.'

- 셰익스피어(작가) -

생각해 봐요! 주변에 친절한 사람을 떠올려 보세요.

정답 : 다정

친절 "나도 친절하고 싶은데 잘 안 돼요."

평상시에 무뚝뚝한 편이었다면 친절이 어려울 수도 있답니다. 쉬운 것부터 시작해 보세요. 웃음과 인사, 경청만으로도 친절을 실천할 수 있답니다. 또 예의 바른 말과 행동으로 친구들을 대한다면 당신은 친절왕!

함께해 봐요!

예절 ① 친절은 상대방을 배려하고 이해하는 마음에서 시작해요.

예절 ② 친절하게 행동하면 나 자신도 기분이 좋아지고 친구들도 나를 좋아하게 돼요.

예절 ③ 내가 먼저 친절하게 행동하면 친구들도 나에게 친절하게 행동하게 돼요.

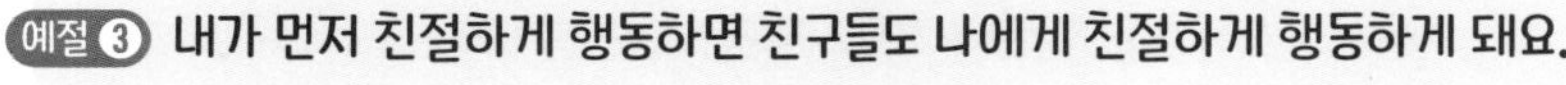

예절 ④ "너는 그렇게 생각할 수도 있겠다."
의견이 달라도 친절하게 행동하면 힘을 합쳐 문제를 쉽게 해결할 수 있어요.

관련 인성은?

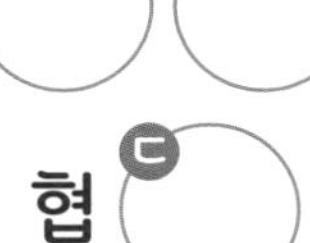

존 (ㅈ)

행 (ㅂ)

솔 (ㅅ) (ㅅ) 범

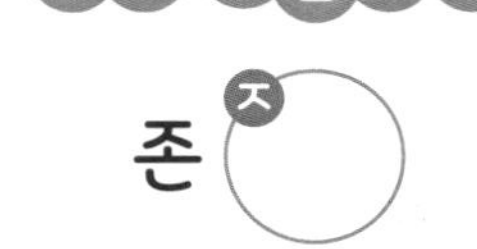

협 (ㄷ)

정답 : 존중, 행복, 솔선수범, 협동

좋은 점이나 착하고 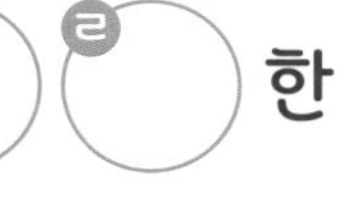 한 일을 높여 표현함

"우와! 너는 편식을 안 하는구나. 정말 대단한걸!"

'칭찬은 고래도 춤추게 한다.'라는 말을 아나요?
작은 칭찬이라도 상대방에게는 큰 힘이 된다는 뜻입니다.
주변 사람을 잘 관찰하여 작은 점이라도 칭찬해 보세요.
마음속으로만 생각 말고 꼭 표현하기!

생각해 봐요! 오늘의 미션! 칭찬 3번 하기!

정답 : 훌륭

김치의 날

김치의   와 우수성을 알리는 날

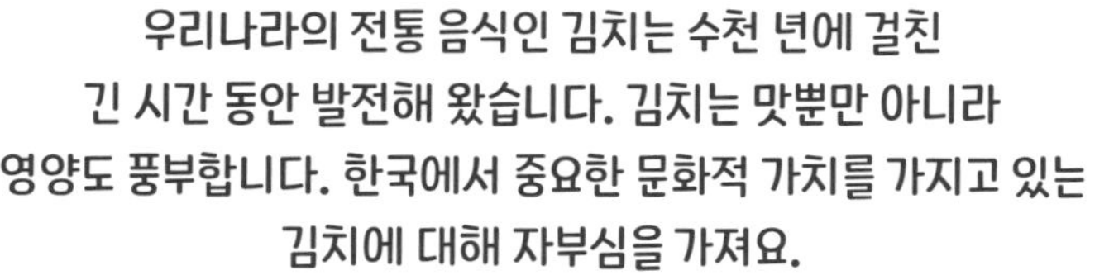

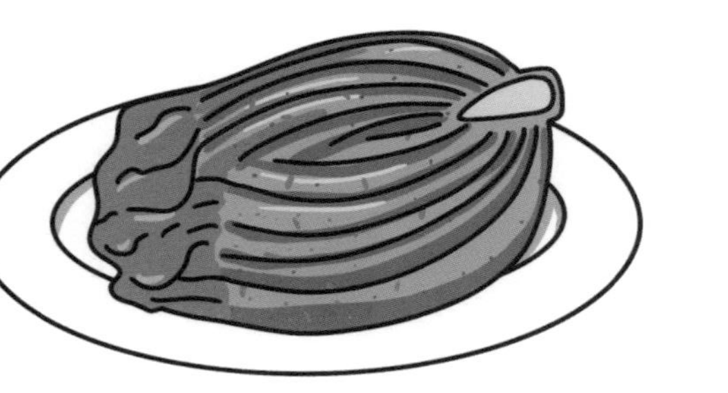

우리나라의 전통 음식인 김치는 수천 년에 걸친
긴 시간 동안 발전해 왔습니다. 김치는 맛뿐만 아니라
영양도 풍부합니다. 한국에서 중요한 문화적 가치를 가지고 있는
김치에 대해 자부심을 가져요.

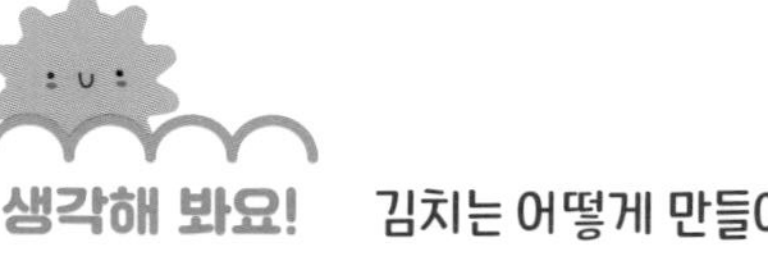

생각해 봐요! 김치는 어떻게 만들어질까요?

정답 : 가치

자랑스러움 "김치의 날을 축하하는 방법에는 무엇이 있나요?"

김치는 자랑스러운 우리나라 전통 음식입니다. 요즘은 김치를 많이 사 먹지만 옛날에는 집에서 만들어 먹었어요. 여러분도 김치를 직접 만들 기회가 있다면 해 보기 바랍니다. 집에서 김치를 활용한 다양한 음식을 만들어 먹는 것도 좋은 방법입니다. 또한, 김치의 역사를 공부하며 김치의 중요성을 생각해 봅시다.

함께해 봐요!

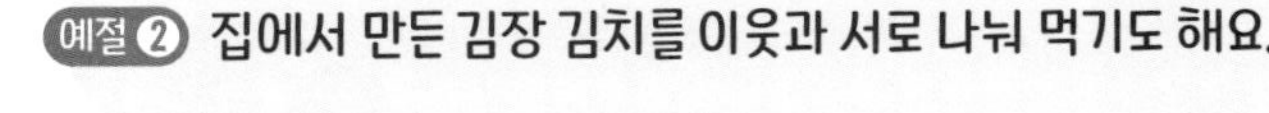

예절 ① 김치는 부족한 채소를 겨울철에도 먹을 수 있도록 만든 조상들의 OO가 담긴 음식이에요.

예절 ② 집에서 만든 김장 김치를 이웃과 서로 나눠 먹기도 해요.

예절 ③ 김치는 한국뿐만 아니라 전 세계에서 인기 있는 음식으로 자리 잡게 되었어요.

예절 ④ "평소 김치를 싫어했는데 오늘부터 김치 먹는 것을 시도해 볼 거야."

관련 인성은?

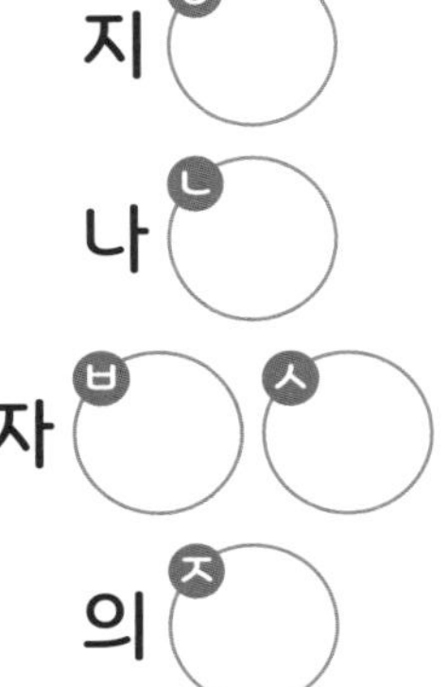

지 (ㅎ)

나 (ㄴ)

자 (ㅂ)(ㅅ)

의 (ㅈ)

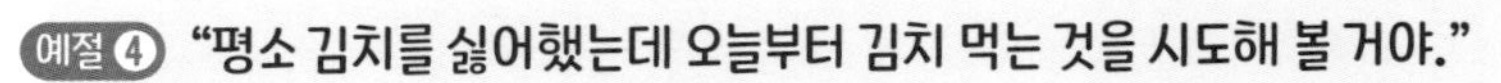

정답 : 지혜, 나눔, 자부심, 의지

칭찬 "칭찬하는 게 뭔가 부끄러워요."

칭찬을 표현하는 것에 서툴군요. 하지만 칭찬은 받는 사람도 하는 사람도 긍정적으로 생각할 수 있어 좋으니 자주 도전해 보세요. 평상시에 칭찬하지 않아서 어색할 뿐이지 여러 번 하다 보면 쉬워질 거예요.

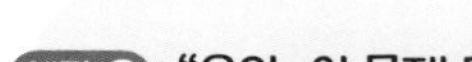

함께해 봐요!

관련 인성은?

예절 ① "우와, 이 문제 맞았네. 멋있다!" 친구가 잘한 점을 칭찬으로 꼭 표현해요.

예절 ② "줄넘기 연습을 매일 30분씩 한 거야? 대단해!" 친구의 외모보다는 노력을 칭찬해요.

예절 ③ 친구의 좋은 점을 칭찬하면 더욱 좋은 친구 사이가 될 수 있어요.

예절 ④ 칭찬을 계속하다 보면 나도 계속 좋게 생각하게 돼서 나에게도 많은 도움이 돼요.

소 (ㅌ)

성 (ㅈ)

우 (ㅈ)

긍 (ㅈ)

정답 : 소통, 성장, 우정, 긍정

탁월함

다른 사람보다 두드러지게 ㄸ( ) ㅇ( ) ㄴ( )

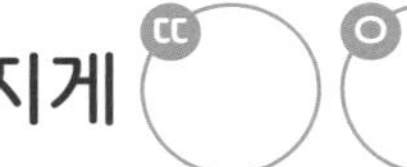

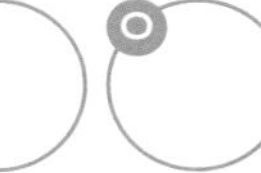
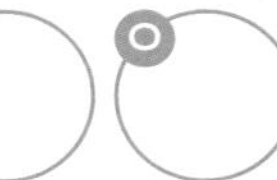

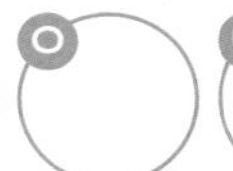

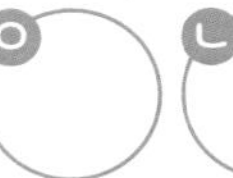

"인성이는 글 쓰는 능력이 탁월해."

사람마다 탁월한 부분이 있답니다.

지민이는 운동을, 재현이는 피아노를, 연수는 바른 글씨를….

마찬가지로 사람마다 어려워하는 것들이 있답니다.

각자의 탁월함을 활용해 서로 도와준다면 함께 행복할 수 있어요.

생각해 봐요! 내가 "이것만큼은 탁월하다!" 자신 있게 말할 수 있는 것에는 무엇이 있나요?

정답 : 뛰어남

탁월함 "나는 탁월한 것이 없어요."

아직 탁월한 것을 못 찾았군요. 이것저것 도전해 봅시다. 우연히 탁월한 것을 발견하게 될 거에요. 잘 하고 싶은데 못하겠다고요? 모든 것을 처음부터 잘할 수는 없답니다. 지금부터 조금씩 연습해 나가요. 연습할 시간은 아주 많으니 처음부터 차근차근 연습해 보세요.

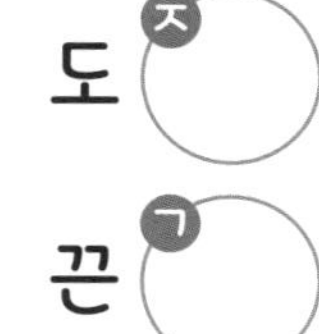

함께해 봐요!

예절 ① "이건 처음인데 한번 해 볼까?" 뭐든지 해 봐야 잘하는 것을 찾을 수 있어요.

예절 ② "또 실패야. 그래도 다시 시작!" 언젠간 성공할 수 있다는 마음으로 계속 도전해요.

예절 ③ "이번엔 성공! 실수하지 않을 때까지 연습할 거야." 끈기를 가지고 연습하면 점차 잘하게 돼요.

예절 ④ "나는 줄넘기를 잘하지 못하지만 달리기는 잘해." 도전하다 보면 내가 잘하는 것과 못하는 것을 알게 돼요.

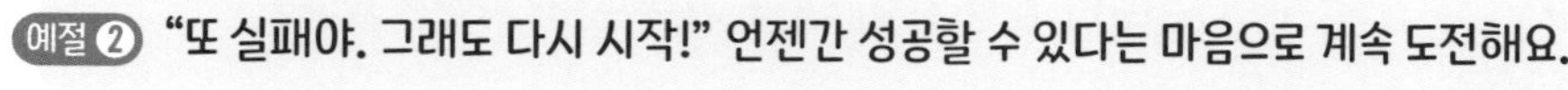

관련 인성은?

도 (ㅈ)

끈 (ㄱ)

발 (ㅈ)

이 (ㅎ)

정답 : 도전, 끈기, 발전, 이해

통 쾌

아주 즐겁고 근심 없이 마음이 (ㅅ)(ㅇ) 함

"드디어 우리 팀이 이겼다!"

오랜 근심과 노력 끝에 성과를 이뤄내면 정말 통쾌하죠?
열심히 노력하여 이루어 내면 기쁨도 배가 된답니다.
이 기쁜 감정을 주변 사람과 함께 나누어 보세요.
즐거운 하루가 될 거랍니다.

생각해 봐요! 최근에 어떤 통쾌함을 느꼈나요?

정답 : 시원

통쾌 "친구가 혼났는데 통쾌한 마음만 들어요. 나는 나쁜 어린이일까요?"

그 친구에게 속상한 마음이 있다면 그런 기분이 들 수도 있답니다. 중요한 것은 말과 행동! 내가 어떤 마음을 갖더라도 말과 행동은 친구를 존중하고 배려해야 합니다. 혼난 친구를 위로해 준다면 더욱 좋은 친구 사이가 될 수 있답니다.

함께해 봐요!

예절 ① '나라면 많이 속상했을 거야.' 나라면 어떤 마음일지 생각하며 친구의 상황을 이해해 줘요. — 공 (ㄱ)

예절 ② "괜찮아? 앞으로 안 그러면 돼." 친구의 실수를 놀리지 말고 슬픔을 달래 줘요. — 위 (ㄹ)

예절 ③ "우와, 우리가 성공했어!" 함께 느끼는 통쾌는 나눌 때 더욱 즐겁습니다. — 행 (ㅂ)

예절 ④ 기나긴 시간 동안 노력해서 이루어 낸 성과는 더욱 통쾌합니다. — 끈 (ㄱ)

정답 : 공감, 위로, 행복, 끈기

투지

싸우고자 하는 ㄱ◯ ㅅ◯ 마음

"지난 시험보다 더 노력해서 잘 볼 거야!"

다른 사람과 싸우는 것보다 나와 싸우는 게
더 힘들지만 가장 보람찬 일이랍니다.

'승리는 자신의 한계를 뛰어넘는 과정에서 성취된다.'
- 나폴레온 힐(작가) -

생각해 봐요! 투지를 갖고 꼭 이루어 내고 싶은 것은 무엇인가요?

"달리기 시합에서 졌어요. 지니까 재미없어요. 이제 하지 않을래요."

포기하지 말고 최선을 다해서 노력해 보는 것은 어떨까요? 다시 한번 투지를 불태워 봐요. 시간이 오래 걸려도 괜찮아요. 언젠간 이룰 수 있을 거예요.

함께해 봐요!

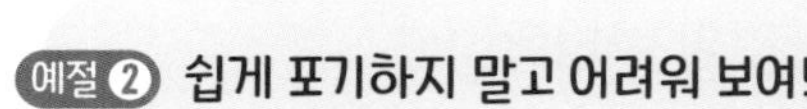

예절 ① 몇 번쯤은 실패할 수 있어요. 힘들더라도 '언젠가는 성공할 수 있다.'라는 마음으로 도전해요.

예절 ② 쉽게 포기하지 말고 어려워 보여도 투지를 가지고 일단 시작해요.

예절 ③ 포기하면 성장할 수 없어요. OO하기 위해서는 노력과 투지가 필요합니다.

예절 ④ "드디어 성공! 역시 나야~." 성취해 내서 오는 뿌듯함은 나를 더 자랑스럽게 만들어요.

관련 인성은?

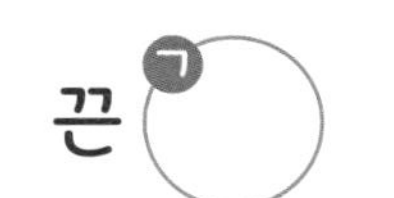

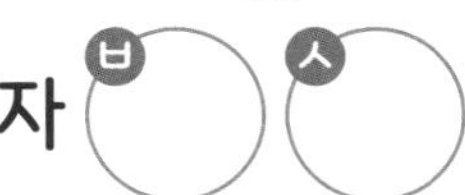

끈 (ㄱ)

도 (ㅈ)

발 (ㅈ)

자 (ㅂ) (ㅅ)

정답 : 끈기, 도전, 발전, 자부심

편 안

편하고   없이 좋음

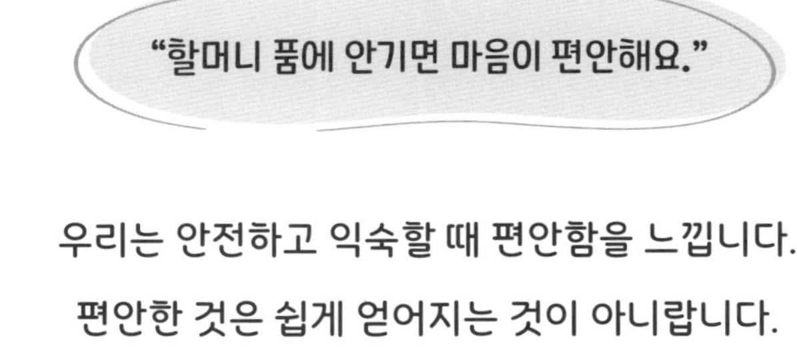

"할머니 품에 안기면 마음이 편안해요."

우리는 안전하고 익숙할 때 편안함을 느낍니다.
편안한 것은 쉽게 얻어지는 것이 아니랍니다.
내가 안전하게 느낄 수 있도록 도움을 주는
주변 사람들에게 감사한 마음을 전해 보세요!

생각해 봐요! 나를 편안하게 해 주는 것엔 무엇이 있나요?

정답 : 걱정

편안 "굳이 새로운 것에 도전해야 할까요?"

현재 상황이 편안해서 새로운 것에 도전하고 싶지 않군요. 하지만 새로운 것을 도전하는 기쁨, 성취하면 얻는 자신감! 그 새로운 것이 익숙해져서 오는 편안함은 더욱 큰 행복이 된답니다.

함께해 봐요!

예절 ① 몸과 마음이 건강할 때 우리는 편안함을 느껴요.

예절 ② 차별하지 않고 차별당하지 않을 때 우리는 편안함을 느껴요.

예절 ③ "항상 저를 보살펴 주셔서 OO합니다." 내가 편안할 수 있었던 이유를 생각해 보고 마음을 전해요.

예절 ④ 편안함을 느낄 때 우리가 하는 것들을 더 즐기고 열심히 할 수 있어요.

관련 인성은?

안 (ㅈ) ○

평 (ㄷ) ○

감 (ㅅ) ○

행 (ㅂ) ○

정답 : 안전, 평등, 감사, 행복

평 등

권리, 의무, 자격 등이 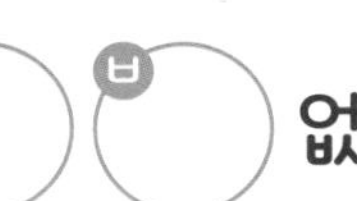 ㅊ ㅂ 없이 고름

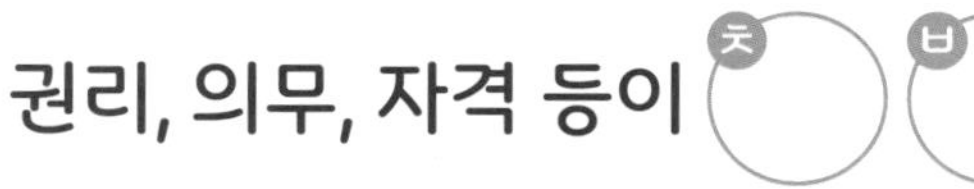

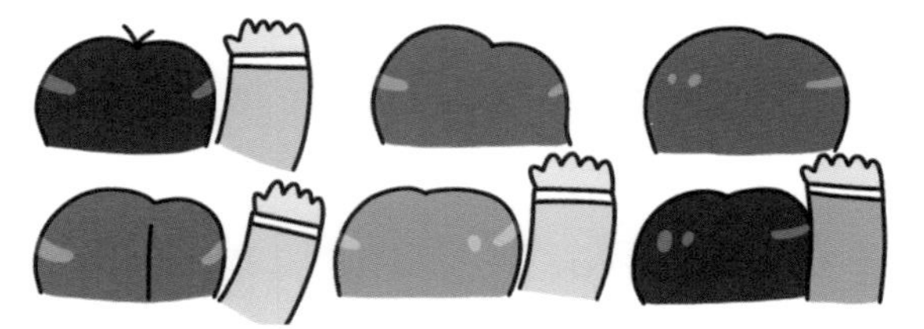

평등을 위해서는 서로에 대한 존중이 바탕이 돼야 합니다.
내 의견만 내세우는 게 아니라 친구들의 생각을
하나의 의견으로 존중해 주세요.

생각해 봐요! 평등하지 않다고 여겼던 것에는 무엇이 있나요?

정답 : 차별

평등 "남자는 꼭 파란색 공책을, 여자는 분홍색 공책을 써야 하나요?"

공책은 성별, 나이 등에 상관없이 내가 사용하고 싶은 색을 선택하면 된답니다. 꼭 무슨 색을 써야 한다고 주장하는 사람에게 평등을 가르쳐 주세요. 성별, 나이, 인종에 상관없이 우리는 하고 싶은 것을 할 수 있답니다.

함께해 봐요!

예절 ① 성별, 나이, 모습에 상관없이 우리는 친구가 될 수 있어요.

예절 ② "그건 평등하지 않은 것 같아요!" 불평등한 상황이라면 자신의 생각을 전달해요.

예절 ③ "선생님, 제 의견 발표할래요!" 모두가 평등하고 존중받을 때 안전함을 느끼고 자유롭게 행동할 수 있어요.

예절 ④ "너는 그렇게 생각했구나!" 차별하지 않고 친구들의 생각을 이해해 줘요.

관련 인성은?

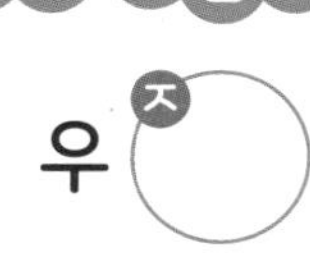

우 (ㅈ)

용 (ㄱ)

편 (ㅇ)

존 (ㅈ)

정답 : 우정, 용기, 편안, 존중

평 화

전쟁이나 갈등 없이 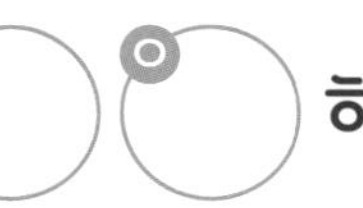 하고 화목함

"여전히 전쟁 중인 나라들이 있대요.
지구촌이 평화로우면 좋겠어요!"

평화는 혼자 만들 수 없어요. 우리 모두 서로를 이해하고 존중하기 위해 노력한다면 평화로울 수 있답니다.

'평화는 천국에만 존재하는 것이 아니다.
우리가 서로 이해하고 존중하며 협력하는 것으로부터 나온다.'
- 덴니스 웨이틀리(작가) -

생각해 봐요! 우리 반은 평화로운가요? 아니라면 그 이유는 무엇인가요?

정답 : 평화

평화 "부모님과 자꾸 싸워서 우리 집이 평화롭지 않아요."

가까운 사람일수록 내 마음을 전달하기 어려울 때가 있답니다. 부모님과 마주 앉아 대화를 하며 내 생각을 차분히 전달해 보는 건 어떨까요? 부모님은 언제나 나를 사랑하고 내 편이니 걱정하지 말고 솔직히 말해 보세요.

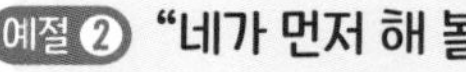

함께해 봐요!

예절 ① "내가 도와줄게!" 평화는 서로를 생각하는 마음에서 시작됩니다.

예절 ② "네가 먼저 해 볼래?" 친구에게 먼저 할 기회를 준다면 평화롭게 놀 수 있어요.

예절 ③ 나와 의견이 달라도 친구의 입장에서 생각해 보며 친구의 말을 잘 듣기 위해 노력해요.

예절 ④ 평화로운 상태라면 마음이 너그럽게 되어 서로를 더 잘 이해할 수 있어요.

관련 인성은?

배 ㄹ

양 ㅂ

경 ㅊ

여 ㅇ

정답 : 배려, 양보, 경청, 여유

행 복

만족과 ㄱ( ) ㅃ( ) 을 느껴 흐뭇한 마음

아주 사소한 것도 행복이 될 수 있답니다.

오늘 날씨가 좋아서, 친구가 사탕을 줘서, 초록색 옷을 입어서….

행복은 어디에나 있지요.

생각해 봐요! 오늘 행복한 일 세 가지를 이야기해 봅시다.

정답 : 기쁨

행복 "나는 행복하지 않은 것 같아요."

같은 경험을 해도 누군가는 행복하고 누군가는 불행하다고 생각할 수 있어요. 이왕이면 뭐든지 행복하다고 생각해 보는 건 어떨까요? 바로 지금도! 이 책을 읽고 매일 인성을 쑥쑥 키우는 나! 행복하다!

함께해 봐요!

예절 ① 친구와 싸웠을 때 내 잘못을 먼저 인정하면 쉽게 해결할 수 있어서 행복해요.

화 ㅎ ( )

예절 ② 무언가에 집중해서 열심히 해내면 뿌듯하고 행복해요.

성 ㅊ ( )

예절 ③ 아픈 친구들을 도와주면 의미 있는 일을 한 것 같아 뿌듯하고 행복해요.

보 ㄹ ( )

예절 ④ 내가 행복하게 지낼 수 있도록 항상 도와주시는 부모님께 OO한 마음을 표현해요.

감 ㅅ ( )

정답 : 화해, 성취, 보람, 감사

허 전 함

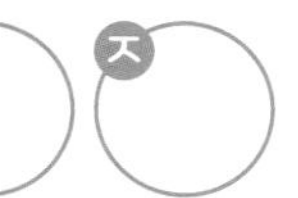

주위에 아무도 없거나 ㅇ ㅈ 할 곳이 없어 텅 빈 것 같음

"맨날 같이 놀던 동생이 할머니 댁에 가서 허전해."

허전함은 주로 혼자 있을 때 느끼는 감정이에요.
사람은 사람들과 함께 있어야 행복감을 느끼지만,
언제나 함께 있기는 어렵죠. 그래서 누구나 허전함을 느끼기 쉬워요.
주위를 둘러보세요. 분명 우리에게 손 내밀어주는 사람이 있답니다.

생각해 봐요! 언제 허전함을 느끼는지 생각해 보세요.

정답 : 의지

허전함 "친구들과 신나게 놀고 집에 오면 허전해요."

당연한 감정이랍니다. 걱정하지 말아요. 다음에 또 친구들과 놀면 되니까요. 혼자 있는 시간도 허전하지 않게 스스로 재미있게 놀 수 있어요. 책 읽기, 그림 그리기, 운동하기…. 나는 나의 평생 제일가는 친구니까요!

함께해 봐요!

예절 ① 허전함은 당연한 감정이니 자신을 이상하게 생각하지 말아요.

예절 ② "개구리 종이접기 도전~!" 나 혼자서도 재미있게 할 수 있는 것들을 만들어 봐요.

예절 ③ 자기 자신과 친구가 되면 자신을 더 잘 이해하고 존중할 수 있게 돼요.

예절 ④ "아빠! 오늘은~." 계속해서 허전함을 느낀다면 가족들과 재미있는 대화를 나눠요.

관련 인성은?

이 ㅎ ◯

성 ㅊ ◯

자 ㅈ ◯ ㄱ ◯

소 ㅌ ◯

정답 : 이해, 성취, 자존감, 소통

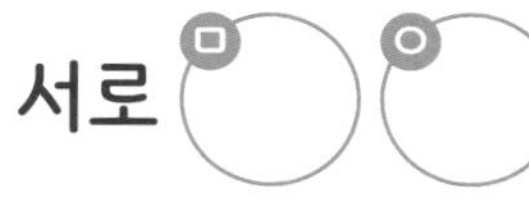

서로 ㅁ◯ ㅇ◯ 과 힘을 합침

"우리 힘을 합쳐서 아주 멋진 성을 만들자!"

혼자 하기 힘든 것이 있나요?

다른 사람들과 함께한다면 더욱 재미있고 쉽게 할 수 있어요.

생각해 봐요! 최근 다른 사람과 협동한 경험을 떠올려 봅시다.

정답 : 마음

협동 "우리 팀이 한 친구 때문에 져서 속상해요."

제일 속상한 사람은 그 친구일 거예요. 친구에게 먼저 다가가서 "괜찮아. 연습해서 다음엔 다 같이 이겨 보자!"라고 말을 건네 보는 건 어떨까요?

함께해 봐요!

관련 인성은?

예절 ① 함께하기로 한 일에 열심히 참여해요.

예절 ② 친구가 의견을 말하고 있다면 하던 일을 멈추고 잘 들어 줘요.

예절 ③ 친구의 의견을 먼저 이해해 주고, 내 의견도 정확하게 전달해요.

예절 ④ 친구와 함께 무언가를 완성하면 성취감에 뿌듯해져요.

적 ㄱ( )

경 ㅊ( )

소 ㅌ( )

보 ㄹ( )

정답 : 적극, 경청, 소통, 보람

호기심

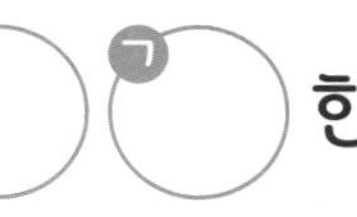

새롭고 ◯◯한 것, 모르는 것을 알고 싶은 마음

"이건 어떻게 쓰는 거지?
아빠! 이건 어떻게 써요?"

이 세상은 내가 모르는 신기한 것들로 가득합니다.
주변에 있는 것을 호기심을 가지고 바라보세요.
호기심은 새로운 것에 도전하는 힘입니다.

생각해 봐요! 집에서 내가 한 번도 사용해보지 않은 물건을 찾아보세요.

정답 : 신기

호기심 "새로운 음식을 보면 무서워서 먹기 싫어요."

새로운 음식을 먹는 건 마치 새로운 모험을 떠나는 것과 같아요. 처음에는 조금 무서울 수도 있지만, 내가 좋아하게 될 음식을 발견할지도 모른답니다. 용기 내서 한입 먹어 보세요. 새로운 것을 시도해 보는 것 자체로도 멋진 경험이 될 거예요.

함께해 봐요!

관련 인성은?

예절 ① 내가 모르는 것을 설명하는 말에 귀 기울여요. — 경 (ㅊ)

예절 ② 궁금한 것이 있다면 부모님께 여쭙거나 책을 통해 찾아봐요. — 적 (ㄱ)

예절 ③ 어떤 것인지 알게 된 후, 내가 할 수 있는 것이라면 한번 해 봐요. — 도 (ㅈ)

예절 ④ 새로운 것에 도전해 보고 재미있는지, 잘할 수 있는지 알게 되면 자신에 대해 더 잘 알게 돼요. — 이 (ㅎ)

정답 : 경청, 적극, 도전, 이해

화

마음에 들지 않아 생기는 기분 (ㄴ)(ㅃ) 감정

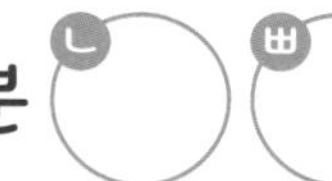
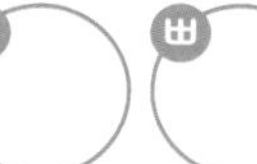

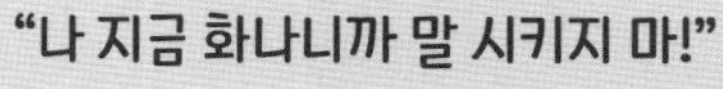
"나 지금 화나니까 말 시키지 마!"

화는 사람이면 누구나 느끼는 감정 중에 하나랍니다.

화를 어떻게 해결하느냐가 중요합니다.

화가 난다고 다른 사람에게 그 화를 풀면 안 되겠지요?

생각해 봐요! 나는 화가 날 때 어떻게 행동하나요?

정답 : 나쁜

화 "동생이 내 장난감을 가지고 놀아서 화나요."

소리를 지르거나 장난감을 빼앗는다고 화는 해결되지 않습니다. 지금 나의 나쁜 감정을 차분하게 동생에게 말해 보세요. 화는 대화를 통해 해결할 수 있답니다.

함께해 봐요!

예절 ① 화가 난다고 곧바로 소리를 지르거나 화내지 않아요.

예절 ② 화가 나는 이유와 상황을 다시 생각해 보고 상대방은 어떤 기분일까 떠올려 봐요.

예절 ③ 화가 날 땐 그 이유와 함께 차분하게 상대방에게 말해요.

예절 ④ 어떤 상황에서도 소리를 지르고 화를 낸 것은 잘못이니 미안함을 전해요.

정답 : 인내, 이해, 소통, 사과

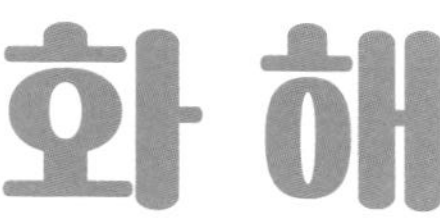

화 해

ㅆ ( ) ㅇ ( ) 을 멈추고 안 좋은 감정을 풀어 없앰

"그때 내가 화내서 미안해.
우리 다시 친하게 지내자."

화난 마음, 후회하는 마음은 참 오래 간답니다.
화해하고 나면 나쁜 감정이 남아 있을 시간 동안 행복한
마음으로 가득하겠죠? 화해하지 못해 고민 중이라면
먼저 손을 내밀어 보세요!

생각해 봐요! 화해를 잘 하기 위한 나만의 방법은 무엇인가요?

정답 : 싸움

화해 "친구는 자신의 잘못을 잘 모르는 것 같아요."

친구는 내가 기분이 나쁜 것을 모를 수도 있답니다. 화해를 하고 싶다면 먼저 친구에게 다가가서 기분 나빴던 일을 침착하게 사실대로 말해 보세요.

함께해 봐요!

예절 ① "맞아. 그건 내가 잘못한 것 같아. 미안해." 잘못한 것이 있다면 인정하고 솔직한 마음을 전해요. — 사 (ㄱ) ◯

예절 ② "앞으론 그러지 않을게." 내가 잘못한 행동을 앞으로 하지 않겠다고 말해요. — 약 (ㅅ) ◯

예절 ③ 친구가 사과했다면 내 마음과 친구의 마음을 헤아려 보고 사과를 받아 줘요. — 용 (ㅅ) ◯

예절 ④ 친구가 한 생각을 이해하고 인정하려 노력해요. — 존 (ㅈ) ◯

정답 : 사과, 약속, 용서, 존중

확 신

굳게 

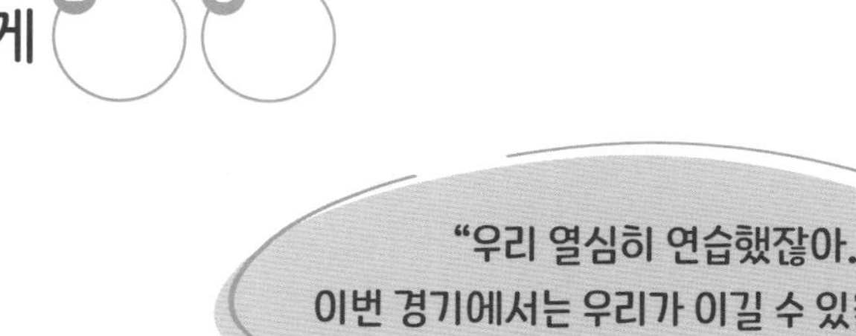

"우리 열심히 연습했잖아.
이번 경기에서는 우리가 이길 수 있을 거야!"

무언가를 간절히 바라고,

그걸 위해 노력했다면 성공할 수 있는 기분이 들곤 합니다.

열심히 했기 때문에 확신이 드는 것이랍니다.

열심히 한 자신을 믿어 보세요.

생각해 봐요! 최근에 확신을 가지고 했던 일은 무엇인가요? 또 그때 어떤 기분이었나요?

정답 : 믿음

확신

"노래 부르기를 열심히 연습했는데 잘 못 할까 봐 걱정이 돼요."

열심히 연습했나요? 그렇다면 이제 필요한 것은 확신뿐! 자신감을 가지고 도전해 보세요. 잘 할 수 있을 거예요.

함께해 봐요!

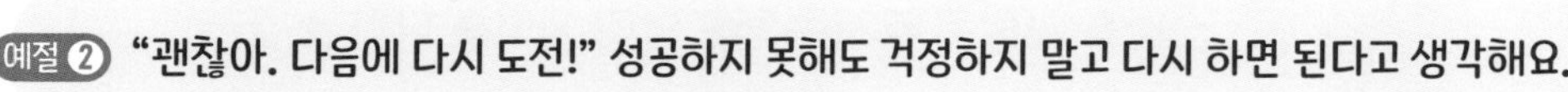

예절 ① 해내고 싶은 것을 열심히 연습해요.

예절 ② "괜찮아. 다음에 다시 도전!" 성공하지 못해도 걱정하지 말고 다시 하면 된다고 생각해요.

예절 ③ "우와, 역시 난 대단해!" 드디어 해낸 나 자신을 응원해 줘요.

예절 ④ 나는 노력하면 무엇이든 해낼 수 있다고 생각해요.

관련 인성은?

열 (ㅈ)

의 (ㅈ)

칭 (ㅊ)

자 (ㅅ) (ㄱ)

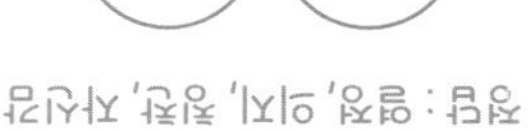

정답 : 열정, 의지, 칭찬, 자신감

효

어버이를 잘 ㅁ( ) ㅅ( ) ㄱ( ) 따르는 것

"(부모님께서 먼저 드시면 나도 먹어야지!)
감사히 잘 먹겠습니다!"

나를 사랑해 주시는 부모님께 예의를 다하는 것!

그것이 바로 효랍니다.

사랑하는 마음, 존경하는 마음을 간직하지만 말고 표현해 보세요.

생각해 봐요! 오늘 아침에 일어나서 부모님께 어떻게 인사드렸나요?

정답 : 모시고

효 "부모님께 말과 행동을 함부로 해도 될까요?"

부모님과 가까운 사이라고 해서 함부로 행동하면 안 된답니다. 부모님께 공손하게 예의 바른 태도로 대하는 것이 효이며 자식의 도리입니다. 생각만 하지 말고 꼭 실천하기!

함께해 봐요!

관련 인성은?

예절 ① 부모님께서 선물을 주거나 음식을 해 주시면 "○○합니다."라고 인사드려요.

감 ㅅ

예절 ② 집에 들어오면 부모님께 "다녀왔습니다."라고 인사드려요.

예 ㅇ

예절 ③ 실수로라도 부모님께 함부로 말하거나 행동했다면 바로 "죄송합니다."라고 공손히 말씀드려요.

사 ㄱ

예절 ④ 부모님께서 이름을 부르며 말씀하시면 부모님의 눈을 보고 잘 들어요.

경 ㅊ

정답 : 감사, 예의, 사과, 경청

후 회

이전의 잘못을 ㄴ ㅇ ㅊ

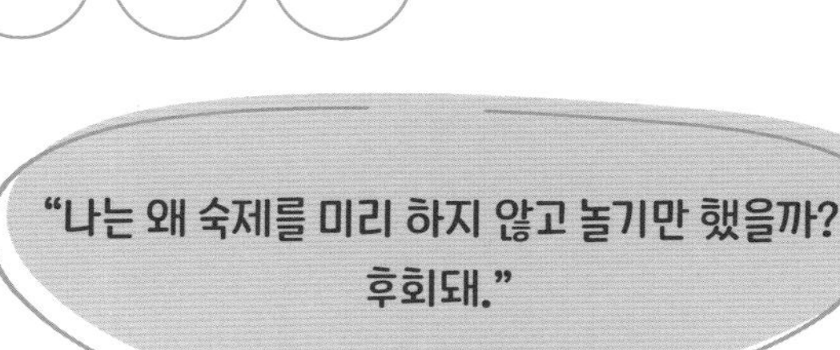

"나는 왜 숙제를 미리 하지 않고 놀기만 했을까?
후회돼."

밀렸던 숙제를 하느라 힘들었던 날을 떠올리면
다시는 숙제를 밀리지 않겠죠? 사람은 누구나 실수를 한답니다.
그 실수를 후회하고 행동을 고쳐가면서 성장하는 것이지요.

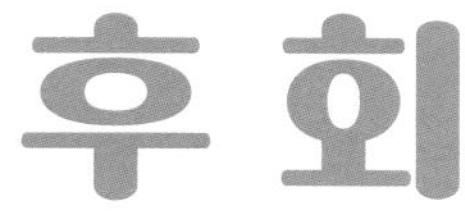

생각해 봐요! 내 행동에 후회했던 경험이 있나요? 다시 그 순간으로 돌아간다면 어떻게 할 것인가요?

정답 : 뉘우침

후회 "친구에게 소리 지른 게 후회돼요."

후회하는 마음을 잊지 않고 친구에게 진심을 담아 사과해 보세요. 진심으로 사과한다면 친구도 이해해 줄 거예요.

함께해 봐요!

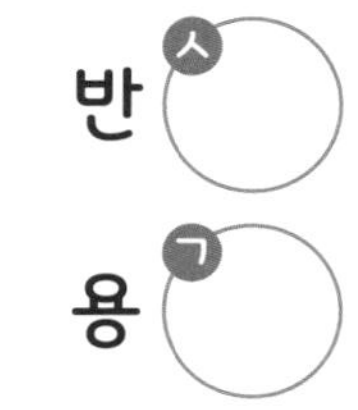
관련 인성은?

예절 ① 마음이 불편할 때는 내 말과 행동이 어땠는지 되돌아 생각해 봐요.

반 ㅅ

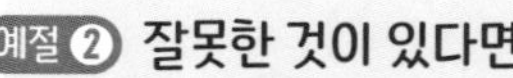
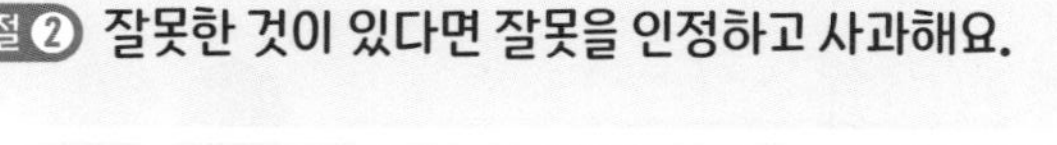
예절 ② 잘못한 것이 있다면 잘못을 인정하고 사과해요.

용 ㄱ

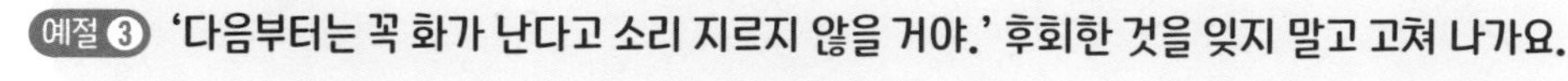
예절 ③ '다음부터는 꼭 화가 난다고 소리 지르지 않을 거야.' 후회한 것을 잊지 말고 고쳐 나가요.

발 ㅈ

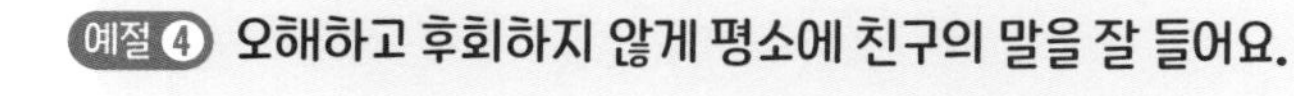
예절 ④ 오해하고 후회하지 않게 평소에 친구의 말을 잘 들어요.

경 ㅊ

정답 : 반성, 용기, 발전, 경청

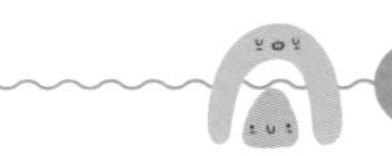

성 탄 절

예수 그리스도의 탄생을 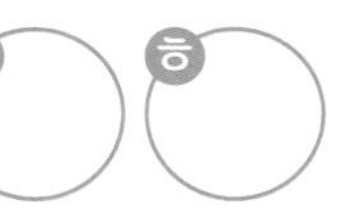 하는 기념일

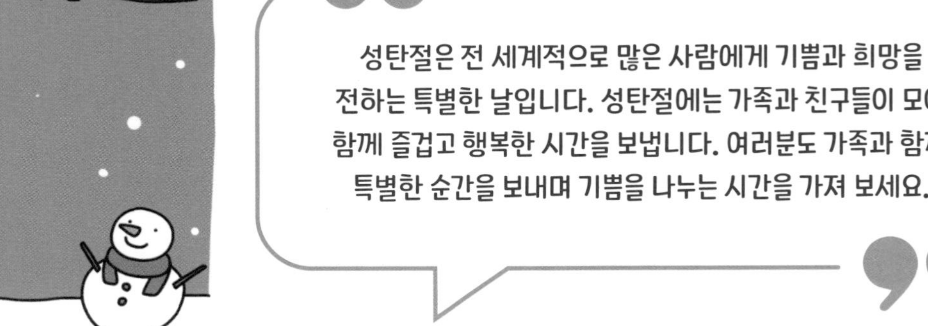

성탄절은 전 세계적으로 많은 사람에게 기쁨과 희망을 전하는 특별한 날입니다. 성탄절에는 가족과 친구들이 모여 함께 즐겁고 행복한 시간을 보냅니다. 여러분도 가족과 함께 특별한 순간을 보내며 기쁨을 나누는 시간을 가져 보세요.

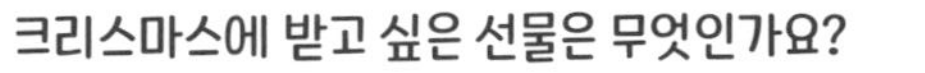

생각해 봐요! 크리스마스에 받고 싶은 선물은 무엇인가요?

정답 : 축하

기쁨 "내가 좋아하는 사람에게 어떤 기쁨을 줄 수 있을까요?"

크리스마스라고 해서 선물 받을 생각만 하지 말고, 내가 누군가에게 무엇을 줄 수 있을지 생각해 보면 좋겠습니다. 반드시 돈을 내고 산 선물이 아니더라도 자신의 마음이 담긴 편지나 상대방이 좋아할 행동을 하는 것도 좋은 선물입니다. 여러분이 산타가 되어 기쁨이라는 선물을 주변 사람들에게 전달해 보세요.

함께해 봐요!

예절 ① "좋아하는 사람들과 즐거운 시간을 보내는 것만으로도 OO해."

예절 ② "내가 준비한 선물로 다른 사람에게 기쁨을 줄 수 있어서 OO을 느껴."

예절 ③ 크리스마스에 주변 사람들에게 OO과 사랑을 전하는 특별한 날이 되도록 만들어 봐요.

예절 ④ 나의 즐거움만을 생각하지 말고 어렵게 사는 이웃과 주변 사람에게 OO을 가져요.

관련 인성은?

행 (ㅂ)

보 (ㄹ)

희 (ㅁ)

관 (ㅅ)

정답 : 행복, 보람, 희망, 관심

희 망

어떤 일을 이루거나 하기를 (ㅂ)(ㄹ)

“지금은 줄넘기를 잘 못하지만,
언젠가는 잘 할 수 있으리라 생각해!
희망을 가지고 매일 연습 중이야.”

우리는 아직 어리기 때문에 뭐든지 서툴기 마련이에요.
희망을 가지고 노력하면 뭐든지 할 수 있답니다.
멋지게 성장할 나를 응원해 주세요.

생각해 봐요! 꿈꾸는 미래의 모습이 있나요? 꿈을 이루기 위해 어떤 노력을 하고 있나요?

정답 : 바람

희망 "종이접기를 잘하고 싶은데 어려워요."

할 수 있다는 마음을 가지고 꾸준히 연습하면 뭐든지 잘할 수 있어요. 쉬운 것부터 차근차근 접어 볼까요? 천천히 연습할수록 실력이 늘어난답니다.

함께해 봐요!

관련 인성은?

예절 ① 처음엔 잘 안 돼도 꾸준히 연습해요. — 끈 (ㄱ)

예절 ② 축구를 할 때 공이 무서워도 피하지 않고 차 보도록 노력해요. — 용 (ㄱ)

예절 ③ 연습해야지 생각만 하지 말고 지금 바로 시작해요. — 실 (ㅊ)

예절 ④ 나는 무엇이든 할 수 있다는 생각과 마음가짐을 가져요. — 자 (ㅅ) (ㄱ)

정답 : 끈기, 용기, 실천, 자신감

희 생

다른 사람을 위하여 자신이 가진 것을 (ㅍ)(ㄱ) 함

"수지야, 너는 다리 다쳤으니까 내가 청소 도와줄게!"

친구를 위해서 자신의 시간과 노력을 희생해 본 경험이 있나요?
희생은 다른 사람을 도운 나의 뿌듯한 마음에
고마워하는 친구의 마음을 더해서 더 큰 행복을 느낄 수 있답니다.

생각해 봐요! 내가 정말 좋아하는 것을 양보했을 때 기분이 어땠나요?

정답: 포기

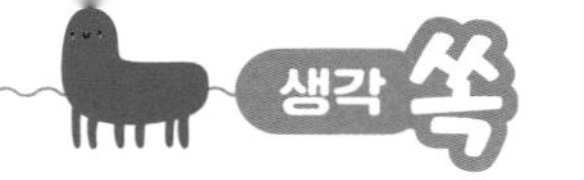

"나는 친구를 위해 희생했는데 친구는 고맙다는 말도 안 해요."

대가를 바라고 희생을 하는 것은 아니랍니다. 희생할 수 있는 사람은 다른 사람들을 배려하고 존중하며, 더 나아가 함께 행복하기 위해 노력하는 사람이므로 정말 대단한 것이랍니다. 나 자신을 칭찬해 주세요.

함께해 봐요!

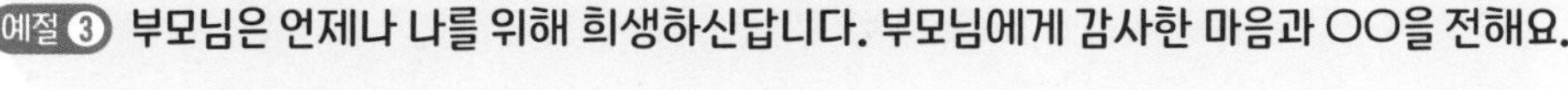

예절 ① '다른 사람을 도와주는 나, 정말 멋진걸!' 친구를 위해 희생하는 나에게 칭찬해 줘요.

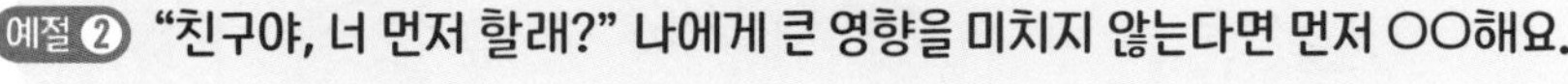

예절 ② "친구야, 너 먼저 할래?" 나에게 큰 영향을 미치지 않는다면 먼저 ○○해요.

예절 ③ 부모님은 언제나 나를 위해 희생하신답니다. 부모님에게 감사한 마음과 ○○을 전해요.

예절 ④ 이순신 장군, 유관순 열사와 같이 나라가 힘들 때 희생하여 앞장서신 분들에게 ○○한 마음을 가져요.

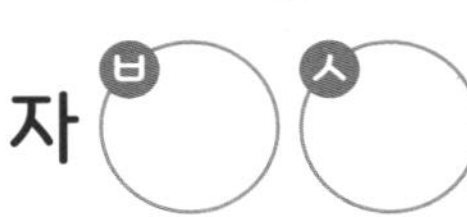

정답 : 자부심, 양보, 사랑, 감사

드디어 마지막 날이군요!

한 해 동안 인성을 열심히 공부한 소감이 어떤가요?
하루, 이틀도 어려운데 일 년을 꾸준히 공부하다니 정말 대단해요!
자! 내일부터는 새해의 시작입니다.
이 책을 맨 앞으로 넘겨서 다시 일 년을 인성과 함께 지내 보세요.
한 번 배운 것은 쉽게 잊어버리지만 반복하면 나의 것이 된답니다.
당신의 노력과 성실함을 칭찬하며 앞으로의 1년도 응원합니다. 파이팅!

<인성나무>
다 읽을 때마다 연도를 쓰고 인성나무에 색칠해 보세요.

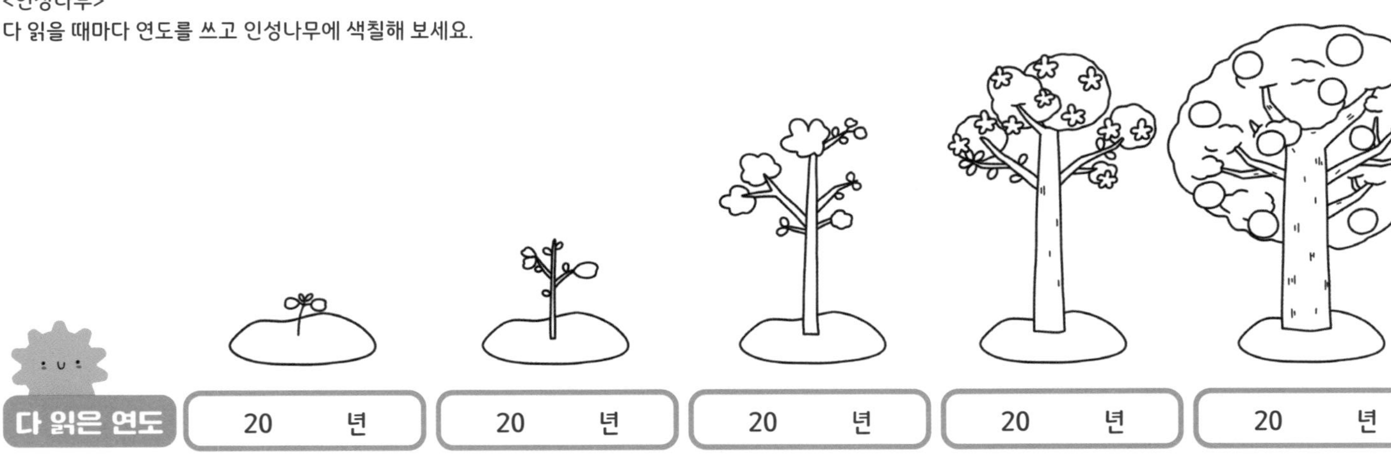